宁夏大学生态系列丛书

小流域淤地坝淤积过程对坝地土壤有机碳矿化作用机制

XIAOLIUYU YUDIBA
YUJI GUOCHENG DUI BADI TURANG
YOUJITAN KUANGHUA ZUOYONG JIZHI

张 祎 李 鹏 刘晓君 编著

U0384453

中国环境出版集团 · 北京

图书在版编目（CIP）数据

小流域淤地坝淤积过程对坝地土壤有机碳矿化作用机制/张祎，李鹏，刘晓君编著.—北京：中国环境出版集团，2022.8

ISBN 978-7-5111-5288-6

Ⅰ.①小…　Ⅱ.①张…②李…③刘…　Ⅲ.①小流域—坝地—淤积—作用—土壤—有机碳—矿化作用　Ⅳ.① S153.6

中国版本图书馆 CIP 数据核字（2022）第 161073 号

出 版 人　武德凯
责任编辑　刘梦晗
封面设计　光大印艺

出版发行　中国环境出版集团
　　　　　（100062　北京市东城区广渠门内大街 16 号）
　　　　　网　　　址：http://www.cesp.com.cn
　　　　　电子邮箱：bjgl@cesp.com.cn
　　　　　联系电话：010-67112765（编辑管理部）
　　　　　　　　　　010-67175507（第六分社）
　　　　　发行热线：010-67125803，010-67113405（传真）
印　　刷　北京中献拓方科技发展有限公司
经　　销　各地新华书店
版　　次　2022 年 8 月第 1 版
印　　次　2022 年 8 月第 1 次印刷
开　　本　787×1092　1/16
印　　张　15.5
字　　数　270 千字
定　　价　128.00 元

【版权所有。未经许可，请勿翻印、转载，违者必究】
如有缺页、破损、倒装等印装质量问题，请寄回本集团更换。

中国环境出版集团郑重承诺：
中国环境出版集团合作的印刷单位、材料单位均具有中国环境标志产品认证。

总

序

我国西北地区生态环境脆弱，水土流失严重，直接威胁区域经济和生态环境可持续发展。随着西部大开发战略的深入实施，国家开展了大规模植被恢复的生态建设工作，缓解了社会经济发展与生态环境恶化之间的矛盾。20 世纪末，我国在黄土高原地区实施了大规模的退耕还林还草、修建梯田、淤地坝等一批重点生态建设工程，改变了区域生态水文过程，遏制了水土流失恶化的趋势，同时也对土壤碳循环产生深刻影响。土壤有机碳矿化是陆地生态系统碳循环的重要环节，侵蚀作用、水文过程、人类活动等会作用于陆地生态系统，从而引起大气中 CO_2 浓度的变化，是影响全球气候变化的关键生态学过程，成为全球碳循环研究中备受关注的核心问题。

土壤有机碳矿化过程在一定程度上主要受有机碳的动态流失和替换的影响，在侵蚀过程中土壤团聚体破碎将会加剧土壤有机碳的矿化，泥沙沉积会使土壤有机碳深埋，从而降低了有机碳矿化速率。从时间的角度来看，侵蚀过程造成的有机碳矿化是短时间的结果，沉积深埋抑制有机碳矿化则是长时期的体现，但是在从短时间到长时期过渡的过程中仍会有众多过程来影响碳循环过程，比如落淤过程的干湿交替、沉积过程的氧气浓度改变等。因此，深入解析侵蚀—沉积过程中的其他过程，对于准确理解水土保持措施下区域碳循环有着重要的指示作用。

西北旱区生态水利国家重点实验室、旱区生态水文与灾害防治国家林业局重点实验室（西安理工大学）以及宁夏大学西北土地退化与生态恢复国家重点实验室培育基地从自身建设实践出发，立足于西北旱区，从侵蚀源区改变、干湿交替过程、氧气浓度改变、不同淤积阶段和小流域有机碳源—汇效应识别五个主旨研究方向，通过大量的试验，历时两年整理编写了本书。

　　该书面向黄土高原生态建设可持续发展与早日实现碳中和宏伟目标的国家需求，瞄准侵蚀过程下碳循环研究前沿，从机制上对碳循环的矿化作用进行了阐述。这些研究成果既关注科学问题的辨识、机理的阐述，又结合了自然中实际发生的过程。该书出版后对深入认识侵蚀作用下有机碳循环过程以及矿化作用机制具有重要意义，同时为黄土高原地区水土保持措施助力早日实现碳中和目标注入新鲜血液。

2022 年 9 月

总序二

　　人类可持续发展面临全球变暖的严峻挑战，碳循环是全球气候变化研究的重要组成部分，对全球生态系统的可持续发展具有重要意义。土壤侵蚀作为土壤碳流失的主要途径，对全球气候变化和碳循环有着重要的影响。侵蚀不仅导致土壤有机碳发生迁移和再分布，还对土壤有机碳的矿化过程产生深远影响。由于土壤碳流失过程的复杂性和水土保持措施对土壤碳循环的重要性，土壤碳流失与调控成为全球碳循环与土壤侵蚀研究领域中的热点和难点。

　　淤地坝作为黄土高原控制侵蚀的重要的工程措施，不仅是当地百姓口中"沟里筑道墙，拦泥又收粮"，还将流域分割成以淤地坝为出口的若干个"子流域"，同时也形成了全球尺度碳循环过程的最小循环单元。侵蚀导致的土壤颗粒分离、团聚体破坏、泥沙迁移再分布、在洼地的沉积以及环境干扰等均会导致碳循环特征在不同侵蚀阶段存在着差异。因此，开展以碳循环为核心的侵蚀—沉积多过程研究，揭示小流域淤地坝淤积过程对坝地土壤有机碳矿化作用机制，既是侵蚀作用下土壤碳循环的核心问题，又是对我国早日实现"碳中和"目标重要指导思路的响应。

　　在此背景下，本书着眼于黄土高原典型侵蚀区小流域土壤碳循环问题，以淤地坝淤积的坝地为切入点，通过对坝地形成各过程进行解析，围绕坝地形成的关键过程，系统分析有机碳矿化特征，探究有机碳矿化的主要影响因素，揭示小流域淤地坝淤积过程对坝地土壤有机碳矿化作用机制，最终为黄土高原区域的生态系统碳潜力估算提供基础。全书内容丰富、资料翔实，对黄土高原典型侵蚀区土壤碳循环的科学理论进行创新，形成具有特色的研究风格。本书内容对深入理解土壤侵蚀环境效应与土壤碳循环过程下的作用机制具有重要价值，为区域水土保持治理措施应对国家"碳中和"目标也起到指导意义。

    非常高兴能够提前阅读，相信该书的出版能够为读者提供丰富的信息，为未来的研究者提供借鉴。

钟艳霞

2022 年 9 月

土壤侵蚀是世界上主要的生态和环境问题之一，全球受侵蚀影响的土地面积达到 $1.094 \times 10^7 \text{ km}^2$，我国水蚀程度在轻度以上的土地面积为 164.88 万 km^2，约占全国总面积的 17.53%，并且主要分布在北方的黄土高原地区和南方的低山丘陵区。土壤侵蚀不仅导致土壤退化、生产力下降等一系列生态环境问题，严重制约着农业发展，而且伴随着侵蚀过程发生的泥沙异位使土壤碳空间格局发生变化，进而影响全球碳循环过程。土壤碳矿化过程在一定程度上受土壤碳的动态流失和替换的影响，同时土壤侵蚀作用下土壤碳的"源—汇"效应主要受限于侵蚀—运输—沉积这 3 个过程中土壤有机碳矿化的速率。在侵蚀作用下的土壤碳循环过程研究中，对土壤有机碳矿化的动态变化过程方面研究得还不够深入，存在对有机碳迁移过程中的矿化作用估算过高或过低的问题，进而导致难以准确厘定土壤侵蚀过程下的土壤碳库动态变化。

20 世纪末，为了遏制严重的水土流失现象，我国在黄土高原地区实施了大规模的退耕还林还草、修建淤地坝等一批重点生态建设工程，不仅改变了区域生态水文过程，遏制了水土流失的进一步加剧，而且起到了控截泥沙、形成淤地的作用。据统计，淤地坝拦截的泥沙达到 55.04 亿 m^3，淤积的坝地面积已达 90 多万亩。以淤地坝分割形成的小流域为研究区域，以流域内坡面侵蚀"源区"和落淤坝地"汇区"为研究对象，通过解析侵蚀—沉积各个阶段有机碳矿化机制，使准确估算碳循环过程下的碳矿化作用成为可能。鉴于此，笔者在国家重点研发计划项目、国家自然科学基金青年项目的支持下，围绕坝地形成阶段所经历的一系列过程（侵蚀源区改变、干湿交替作用、淤积剖面气体环境改变等），系统研究淤地坝建设对流域有机碳"源—汇"效应的影响，揭示坝地形成过程中有机碳矿化的主要影响因素及其作用机制，为促进黄土高原生态建设可持续发展与国家早日实现碳中和宏伟目标提供一定的科学依据。

本书的学术思想由张祎博士、李鹏教授共同提出，张祎博士完成写作框架，并负责全书的内容写作和统稿工作，李鹏教授、杜灵通研究员和刘晓君博士在框架思路上给予了指导和帮助，周世璇博士和吴亨博士在试验分析、数据处理和文字校对等方面给予了帮助。

本书出版得到了国家自然科学基金青年项目"黄土丘陵区坝地形成过程土壤有机碳矿化机制研究"、国家重点研发计划项目"沟道工程对流域水沙变化影响及其贡献率"、陕西省创新人才推进计划项目"水土资源环境演变与调控创新团队"、宁夏自然科学基金重点项目"人工灌丛入侵荒漠草原过程中的生态系统碳循环响应机制及碳汇潜力评估"、中央引导地方科技发展专项"气候变化背景下贺兰山生物多样性保育与生态服务功能提升"等的资助。研究工作得到了西安理工大学西北旱区生态水利国家重点实验室、旱区生态水文与灾害防治国家林业局重点实验室、宁夏大学西北土地退化与生态恢复国家重点实验室培育基地等单位的大力支持。还有一大批水利、水土保持、遥感等专业技术和管理人员、现场检测工作人员和室内测试分析人员等，对本书成稿作出了贡献，在此一并表示感谢。

限于作者水平，书中疏漏之处在所难免，敬请同行专家与广大读者批评指正。

张祎

2022 年 6 月

目录

第 1 章
绪　论

1.1　研究意义

土壤有机碳（Soil Organic Carbon，SOC）在全球碳循环中发挥着至关重要的作用
（Liu et al.，2019），并决定了许多土壤过程（Shi et al.，2019）。SOC 矿化是碳循环中
与土壤碳质量相关的重要过程（Liu et al.，2020）。土壤侵蚀严重影响碳循环过程，导
致 SOC 的迁移、矿化和再分配（Zhang et al.，2020）。土壤有机碳库动态变化及其驱
动机制是陆地生态系统碳循环研究的前沿，黄土高原是全世界水土流失最严重的地区
之一（Zhang et al.，2019），为了控制这一现象，我国在沟道中大规模修建淤地坝，形
成分布较为广泛的坝地（Fu et al.，2011）。截至 2019 年，黄土高原已修建约 5.8 万座
淤地坝，拦截了超过 55.04 亿 m³ 的泥沙（刘雅丽 等，2020），形成坝地 90 多万亩 [①]。
因此，深入探讨坝地形成过程中 SOC 矿化的驱动机制就显得格外重要。

淤地坝的作用不仅是当地百姓口中的"沟里筑道墙，拦泥又收粮"，还可以将流
域分割成以淤地坝为出口的若干个子流域，同时也形成了全球尺度碳循环过程的最小
循环单元。由此形成了坡面侵蚀"源区"和坝地淤积"汇区"（图 1-1）。在侵蚀"源
区"内，耕地退耕为其他土地利用类型以及枯落物的增加等外源物质的输入都会使土
壤有机碳含量的增加。与此同时，新鲜的有机质输入存在正向的激发效应，导致土壤
微生物群落增加，土壤酶活性增强，使得土壤有机碳矿化能力增加。耕地转为其他土
地利用类型后，虽然可以减弱土壤侵蚀的强度，但是无法完全避免侵蚀，因此在侵蚀

---

①　1 亩 =0.066 7 hm²。

1

诱导下，土壤团聚体破碎以及颗粒的迁移同样会加剧土壤有机碳的矿化。随着土壤有机碳从侵蚀"源区"逐渐搬运到淤积"汇区"，坝地表层淤积层土壤首先会经历往复的干湿交替过程。在此过程中，水分和土壤颗粒反复"团聚—破碎"均会加剧土壤有机碳矿化（Birch，1958）。在此之后，侵蚀泥沙逐渐落淤，经过长时间的发育形成淤积剖面，侵蚀泥沙落淤形成的致密层具有极强的阻水作用，阻隔了气体的交换，从而导致随着淤积剖面由浅到深氧气浓度逐渐降低，甚至达到无氧的气体环境。在深层沉积区土壤中，低氧和无氧条件下的土壤有机碳矿化量显著高于有氧环境下的有机碳矿化量（Donald et al.，2010）。因此在有氧到无氧状态转变过程中，土壤有机碳矿化作用机理有待进一步研究。上述在坝地形成过程中经历的几个关键阶段都会显著影响有机碳矿化的特征，因此，深入探讨坝地形成过程中各阶段 SOC 矿化的驱动机制就显得格外重要。

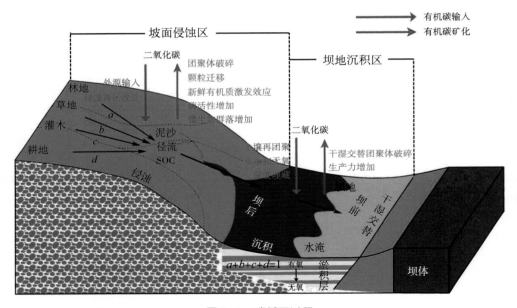

图 1-1　碳循环过程

　　本书以黄土高原正沟小流域为研究对象，应用室内矿化培养试验、高通量测序、同位素示踪等技术，围绕坝地形成的关键过程，系统分析坝地形成过程中有机碳矿化特征，对比分析土壤理化性质、细菌丰度、物种多样性、微生物群落组成与群落结构变化特征，明确有机碳矿化特征与土壤理化以及生物学性质之间的响应关系，揭示坝地形成过程中有机碳矿化的主要影响因素及其作用机制，最终为黄土高原区域的生态系统碳潜力估算提供基础。

1.2　国内外研究进展

　　淤地坝是指在多泥沙沟道修建的以控制沟道侵蚀、拦泥淤地、减少洪水和泥沙灾害为主要目的的沟道治理工程措施。坝地是在淤地坝拦泥淤地的过程中逐渐形成的，目前已经成为黄土高原地区的重要粮食产区。在黄土高原丘陵区淤地坝内沉积的泥沙，往往是粗颗粒泥沙先沉积，其次为粉砂，最后为黏粒；不同雨水冲刷下的径流泥沙表现为不同的淤积层厚度，坝地土壤垂直结构具有明显的分层特点，其厚度与分布和降雨特性、侵蚀泥沙特性密切相关。

1.2.1　淤地坝时空分布特征

1.2.1.1　黄土高原淤地坝建坝历程

　　黄土高原淤地坝建设基本开始于 20 世纪 50 年代（图 1-2）。1968—1976 年和 2004—2008 年是淤地坝建设的两个高峰期。据相关的统计数据，截至 2018 年，黄土高原共有淤地坝 59 154 座，其中大型坝（骨干坝）5 877 座、中型坝 12 131 座、小型坝 41 689 座，中型及以上淤地坝合计 18 008 座。其中约 26% 的骨干坝、61% 的中型坝和 70% 的小型坝建成于 1980 年以前。中型及以上淤地坝累积控制面积为 4.8 万 km²，拦蓄泥沙近 56.5 亿 t。有 46% 的骨干坝是在 21 世纪 00 年代建成的，43% 的中型坝和 49% 的小型坝在 20 世纪 70 年代建设完成。

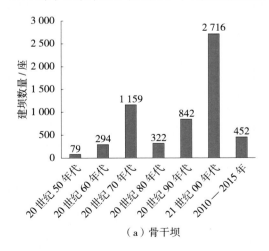
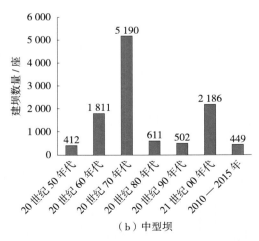

（a）骨干坝　　　　　　　　　　　　　　（b）中型坝

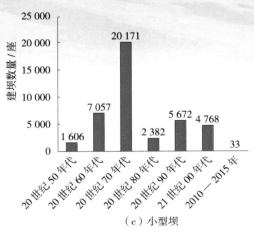

（c）小型坝

图 1-2　黄土高原淤地坝建坝历程

1.2.1.2　黄土高原淤地坝空间分布

黄河河龙区间和北洛河上游区域是 20 世纪黄土高原淤地坝的主要集中建设区，目前该区域内的大型、中型、小型淤地坝数量分别占黄土高原淤地坝总量的 70%、88% 和 91%。同时，该区域目前还是黄土高原老旧淤地坝的主要分布区；1990 年以前黄土高原的大型、中型淤地坝主要分布在陕北的河龙区间和北洛河上游区域；陕西、山西两省大约有 3.5 万座小型淤地坝也主要分布在此，其中多数建成于 20 世纪 60 年代、70 年代。

1.2.2　土壤侵蚀生态环境效应

1.2.2.1　土壤侵蚀对有机碳的源汇作用

土壤侵蚀，是指在各种外应力（如水力、重力等）的作用下，表层土壤及其成土母质发生破碎、剥蚀、迁移 / 再分布以及沉积的过程（殷水清 等，2020）。土壤侵蚀是世界上主要的生态和环境问题之一，全球受侵蚀影响的土地面积达到 1.094×10^7 km²，其中水蚀影响土地面积 7.51×10^6 km²（Lal，2003）。根据第二次全国土壤侵蚀遥感调查的结果，我国水蚀程度在轻度以上的面积为 164.88 万 km²（赵串串 等，2014），并且主要分布在北方的黄土高原地区和南方的低山丘陵区（李占斌 等，2008）。在面积为 64 万 km² 的黄土高原中，有超过 60% 的面积存在水土流失，平均土壤侵蚀模数为 2 000～5 000 t/（km²·a）（Cai，2001）。土壤侵蚀会导致土壤退化、生产力下降等，严重制约着农业发展，同时土壤侵蚀所携带的泥沙使土壤原有的养分发生较大的变化，进而影响元素地球化学循环（Quinton et al.，2010）。土壤有机碳及其动态变化在全球碳循环中扮演着重要角色，土壤碳库是大气碳库的 3.3 倍和生物碳库的 4.5 倍，因此土壤碳库的轻微变化就会导致大气 CO_2 浓度发生波动。土壤通过有机碳的固定可以减缓气候变化，而土壤侵蚀会引起土壤有机碳的分解、迁移和沉积，但是关于侵蚀对有机碳的"源—汇"效应的研究仍然处于探索阶段（Sanderman et al.，2013）。

土壤侵蚀是目前土地退化的主要形式之一，不仅会造成严重的水土流失，还会导致土壤有机碳发生迁移和空间再分布（姚毓菲，2020）。土壤侵蚀导致全球土壤有机碳水平通量为 2.5 Pg/a（Borrelli et al.，2017），在垂直方向上，土壤侵蚀可以通过促进矿化增加 CO_2 的排放，也可以通过沉积降低 CO_2 的排放。土壤侵蚀是否会导致土壤与大气之间碳的净释放在学术界仍然存在争论，近年来，针对土壤侵蚀在碳"源—汇"中的争论存在两种不同的观点：①土壤侵蚀是碳源。Lal（2003）通过研究分析得出土壤侵蚀导致全球每年 0.8～1.2 Pg C 释放到大气。Lal 和 Pimentel（2008）通过解析侵蚀区的土壤的分离—搬运—沉积这 3 个阶段，再次强调土壤侵蚀是碳源而并非碳汇，他们认为，首先，侵蚀区土壤含水量、团聚体以及养分等随着侵蚀作用的发生而降低，导致土壤生产力降低，进而导致归还到土壤中的生物量降低；其次，侵蚀过程中被侵蚀的泥沙携带的有机碳主要为轻组有机碳，更加容易被矿化，导致有机碳的流失。有机碳在土壤的沉积区虽然被保护，但是在耕作层以上的有机碳，更加容易受到人类活动的影响而被矿化分解；最后，沉积区随着淤积深度的加深所形成的厌氧环境可能导致 CH_4 和 N_2O 的释放。②土壤侵蚀是碳汇。Stallard（1998）通过相关模型模拟得出，侵蚀作用导致每年的全球碳汇为 0.6～1.5 Pg C。Van 等（2007）通过核示踪元素示踪与大尺度的碳调查，发现全球农田土壤侵蚀导致每年 0.06～0.27 Pg C 的固定。Berhe 等（2007）也证明土壤侵蚀是碳汇（每年导致的碳汇为 0.72 Pg C），他们在研究中认为，首先，侵蚀虽然会导致有机碳损失，但是地上的植被会补充损失的有机碳库，因此侵蚀区的土壤会再次获得生态系统碳；其次，侵蚀泥沙所携带的有机碳在沉积区被埋藏，耕作层以下的土壤有机碳被包裹起来，降低了有机碳被矿化的风险；最后，侵蚀分散的细颗粒会再次进行团聚作用，并固定一定的土壤有机碳。

造成侵蚀到底是有机碳的源还是汇分歧的原因，主要是研究手段与时空尺度不同导致的研究结果的差异。在以往的研究中侵蚀区和沉积区的土壤是独立研究的，并未看作一个整体（Kirkels et al.，2014）。并且研究的时间尺度也存在差异，在相关的研究中也缺乏侵蚀—搬运—沉积阶段下对碳循环的认知。因此，只有将土壤水蚀产沙过程与有机碳的迁移—沉积过程相结合，才能从整体理解侵蚀过程中的有机碳源—汇效应。

1.2.2.2　土壤侵蚀中有机碳的迁移再分布

在水力侵蚀过程中，土壤有机碳的迁移流失主要有以下两种方式，一种为有机碳随着地表径流的产生而发生迁移，另一种为有机碳附着在侵蚀泥沙上随其发生运移和再分布。众多学者认为侵蚀过程中泥沙的搬运是土壤有机碳流失的主要载体（Nie et al.，2014）。在水蚀条件下，有机碳流失主要受到降雨特征、地形条件、土壤性质、肥料用量、耕作方式、地表覆盖、土地利用类型等多种方式的影响（Shi et al.，2013；Ma et al.，2014）。有机碳在水力侵蚀的过程中虽然主要以泥沙结合态流失，在一定程度上可以通过土壤侵蚀机理被解释（Lal，2005）。崔利论等（2016）通过研究估计了全球有机碳随泥沙发生运移的量为 2.7 Pg，这一过程显著改变了陆地生态系统有机碳的空间分布。

土壤有机碳的迁移再分布特征在不同侵蚀阶段也是不相同的。①土壤颗粒分离。当雨水的下渗量大于临界值时会产生薄层水流，随着径流的增加，土壤侵蚀造成富含有机碳的表层土壤大量流失。已有学者通过相关研究指出，与粗土壤颗粒相比，有机碳在黏粒、粉砂和微团聚体等一些细土壤颗粒中的含量更高（Wei et al.，2017）。②团聚体破坏。侵蚀会引起土壤团聚体的崩解和破坏。团聚体的分解释放其中闭存的碳，使之更容易被微生物分解，并且团聚体分解后细颗粒中的碳更容易被水力或者风力搬运（张祎 等，2019）。③来自景观中的泥沙迁移和再分布。有机碳随侵蚀泥沙在传输路径中再分布，主要包括沉积在临近的土壤、进入水体或者矿化排放至大气（Walling et al.，2006）。Lal（2003）认为在侵蚀迁移过程中约有 20% 的碳矿化损失。④在洼地或海洋生态系统中沉积。沉积区的土壤通过形成有机—无机复合体，发生土壤的聚化作用，进一步固碳，并且深层土壤对有机碳有着深埋的作用（方华军 等，2004）。侵蚀泥沙运移的路径主要与其相对应的侵蚀区和沉积区的所在位置有着很大的关系。侵蚀条件下的有机碳的迁移影响坡面尺度上的碳收支状况，搬运和挟沙能力影响自然界土壤的迁移，在相对较长的距离下土壤黏粒和活性有机碳更容易被迁移（Starr et al.，2000）。坡面在水力侵蚀的作用下，引起泥沙的富集，随着与侵蚀区距离的增加，这种富集现象越明显，有机碳含量越高（Wang et al.，2010）。泥沙迁移过程中的土壤有机碳矿化作用是目前有机碳研究的主要热点之一，尤其在陆地尺度上有显著影响。土壤在分离运移过程中会发生团聚体的破坏、消散和破碎，最终导致团聚体内有机碳的暴露，使其更易被生物过程矿化。有的学者认为，侵蚀导致的迁移过程加速了有机碳的矿化作用（Quinton et al.，2010）。也有一些学者认为，侵蚀导致的迁移过程对有机碳的矿化作用影响较小。目前，学界对侵蚀沉积区土壤有机碳矿化的动态变化过程的研究还不够深入，存在对有机碳迁移过程中的矿化作用估算过高或过低的问题。沉积区的泥沙和有机碳会随着土壤的侵蚀再分布过程发生汇集。学者研究发现，侵蚀条件下 50%～95% 的土壤有机碳仍保留在流域内，重新沉积的量为 14%～35%（Van et al.，2007）。土壤有机碳沉积或深埋时间的长短有可能受频繁的暴雨及洪水持续时间影响，这对其最后的沉积聚集位置具有非常重要的影响。现有研究表明，深埋作用对碳具有封存作用（Hoffmann et al.，2013），因此，土壤有机碳在沉积区的深埋会使得有机碳动态变化发生显著改变。

1.2.2.3 土壤侵蚀诱导有机碳的矿化

土壤侵蚀不仅导致土壤有机碳发生迁移和再分布，而且对土壤有机碳矿化过程也会产生深远影响。在侵蚀过程中土壤团聚体的破碎将会加剧土壤有机碳的矿化，泥沙沉积诱导土壤有机碳的深埋则降低了有机碳矿化。土壤侵蚀作用下有机碳的"源—汇"效应主要决定于侵蚀—运输—沉积这 3 个过程中土壤有机碳矿化的速率。

侵蚀区土壤有机碳的矿化过程在一定程度上主要受有机碳的动态流失和替换影响（Doetterl et al.，2016）。在长期水力侵蚀作用下，坡面侵蚀区的土壤逐渐被剥离，位于下层的土壤逐渐出露，与表层土壤相比，位于下层的土壤有机碳含量更低且更为稳定（Liu et al.，2010）。当表层土壤剥离后，侵蚀区输入新鲜的土壤有机质，或上方由于侵蚀流失的土壤被有机碳覆盖时，由于存在激发效应，外源物质的输入可能加快原本土壤有机碳的矿化分解，影响有机碳的固存（Wang et al.，2013）。Xiao等（2017）通过研究认为，由于外源有机质的输入，侵蚀区土壤呼吸速率远高于沉积区。这一结论证实了侵蚀会加剧坡面有机碳的矿化作用。但是也有学者认为，由于缺乏有机碳，贫瘠坡面在土壤侵蚀的作用下将有助于有机碳的固存，降低有机碳的矿化作用（Wiesmeier et al.，2014）。因此，坡面侵蚀所导致的有机碳到底是矿化作用还是固存作用取决于土壤有机碳是饱和还是亏缺，即理论碳饱和与现状碳浓度的差值。除侵蚀区与沉积区土壤有机碳的原位矿化外，侵蚀过程泥沙的迁移、运输也会加速土壤有机碳的矿化分解。水蚀条件下，雨滴可以快速湿润并剥离整个团聚体，使得有机碳暴露给土壤微生物并为其提供大量的能量来源，导致侵蚀泥沙中的有机碳快速矿化（Veen et al.，1990）。Jacinthe 等（2001）的研究结果表明，全球每年大约有 0.37 Pg C 在泥沙运输过程中被矿化输入到大气中。在过去几十年里，众多学者对侵蚀过程中土壤有机碳的矿化速率大小进行了深入研究，但仍未有定论，具体观点包括：①侵蚀导致的有机碳矿化速率的增加是有限的，矿化量小于迁移量的 5%（Hemelryck et al.，2015）；②侵蚀运输过程中将有 20% 的有机碳被矿化（Polyakov et al.，2008）；③矿化量可以达到总有机碳的 43%（Novara et al.，2016）。沉积区的土壤颗粒沉积与有机碳的深埋往往被认为有助于减轻有机碳的矿化，从而增加有机碳的固存。有学者认为，土壤细颗粒在有机质的胶结作用下可以促进水稳性团聚体的合成（Zhang et al.，2019）。因此，侵蚀土壤中的细颗粒与有机碳的堆积将促进沉积区分散的土壤颗粒再聚合，这也反过来为有机碳提供了有效的物理保护，使其免受土壤微生物的矿化分解。此外，侵蚀区的泥沙在侵蚀作用下不停地输入沉积区，致使沉积区逐渐淤积增高，位于底层的土壤形成了厌氧环境，使得原表层土壤与大气环境间的联系逐渐减弱，同时降低了埋藏于土壤之中的有机碳的周转速率，这种深埋所产生的厌氧环境也有助于有机碳的固存。

1.2.3 有机碳矿化与影响因素之间的作用关系

1.2.3.1 有机碳矿化及测量方法

土壤有机碳库的矿化过程是土壤中重要的生物化学过程之一，对土壤中多种元素的释放、温室气体的形成和土壤质量的保持等方面都具有重要影响，同时也影响土壤有机碳向大气的排放量，最终与全球气候的变化密切相关。目前广大科研学者对陆地碳循环机制及其对全球气候变化影响的研究逐渐增加，土壤有机碳矿化的影响因子现已成为主要研究热点之一。

利用文献计量分析方法，基于 VOSviewer 软件对数据库中所有的关键词（共 1 680 个）进行分析，提取出现频次高于 3 次的关键词（157 个），进行合并筛选处理后，进行关键词共现和聚类分析，结果见图 1-3。

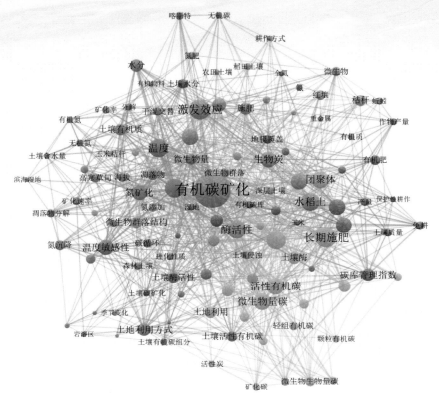

图 1-3 关键词图谱

从图 1-3 中可以看出，出现频率比较高的关键词是有机碳矿化、激发效应、长期施肥、酶活性、团聚体、微生物量等，对应图中节点较大且处在中心度较高的位置。激发效应是外部易分解有机质输入后，在短时间内改变原有土壤有机碳矿化过程的自然现象，是联系土壤有机碳收支过程之间的关键环节，对于土壤有机碳库的积累和稳定具有重要意义（魏圆云 等，2019）。传统上有关激发效应对有机碳矿化的作用机制主要有两种解释，一种为"协同代谢"（Guenet et al.，2014），另一种为"氮矿化"（Kuzyakov，2010）。温度和水分会对激发效应产生影响，进而影响土壤有机碳矿化速率。研究发现，在青藏高原的高寒草地，利用红外加热器将地表土壤温度平均升高2℃，可明显提高土壤微生物利用易分解有机碳的程度，加热 2 年后土壤中可溶性有机碳含量下降，微生物可能开始利用外部输入的有机质来弥补土壤有机质中所缺乏的易分解碳组分，由此削弱了激发效应（Jia et al.，2017）。Miao 等（2016）的研究发现，相比 30% 和 60% 的土壤最大持水量，当土壤含水量达到 100% 时，其激发效应更加显著。

土壤有机碳的矿化作用主要包括土壤动植物的呼吸和微生物代谢作用，因此，对动植物呼吸和微生物代谢作用产生影响的因子都会对土壤碳矿化过程造成一定影响。影响土壤呼吸强度的因素主要包括温度（李键 等，2021）和水分（温超 等，2020）。土壤微生物是陆地生态系统的主要分解者，土壤有机碳矿化是土壤微生物为获取化学能量和营养物质，满足自身新陈代谢和生长增殖等生物过程需求的结果（熊平生，2017）。有机碳矿化过程中土壤微生物的结构和群落均会随着矿化过程发生改变，反之，不同微生物群落也会作用于有机碳矿化的速率，因此两者是相互作用、相互影响的。综上所述，很多学者都只针对一种影响因素对土壤有机碳矿化开展研究，但是在自然状态下有机碳矿化受到多种因素的共同影响，因此，加强多因素控制下有机碳矿化的研究对探讨影响有机碳矿化因素的差异性有重要的指导价值。

土壤有机碳矿化释放的 CO_2 的准确测量对碳循环发展有着极其重要的作用，其结果的准确性直接影响有机碳"源—汇"作用的评价。目前，已有很多方法被运用到有机碳矿化的测定，总体可以分为两类：野外测定和实验室测定。有机碳矿化释放量的主要研究方法为室内培养法，该方法可以严格地控制变量（如温度、湿度等），而且也保证不会有外源物质的输入（葛序娟 等，2015）。在相同的培养条件下得到的不同土壤有机碳 CO_2-C 释放量能够反映出不同处理之间的差异性。CO_2 的测定方法包括碱液吸收法（周焱，2009）、气相色谱法（Jason et al.，2004）、液相色谱法（Kalbitz et al.，2003）以及红外气体分析方法（Subke et al.，2004）。由于操作简单，碱液吸收法备受学者青睐，也是目前最为普遍的测定方法。

1.2.3.2 有机碳矿化对不同侵蚀区的响应

我国西北地区生态环境脆弱，水土流失严重，直接威胁区域经济和生态环境的可持续发展。随着西部大开发战略的深入实施，国家开展了大规模植被恢复的生态建设，缓解了社会经济发展与生态环境恶化之间的矛盾（李相儒 等，2015）。20 世纪末，我国在黄土高原地区实施了大规模的退耕还林还草工程等一批重点生态建设工程，改变了区域生态水文特征，遏制了水土流失，同时也对土壤碳循环产生了深刻影响。

土壤有机碳矿化是陆地生态系统碳循环的重要环节，而人类活动通过对陆地生态系统的作用引起大气中 CO_2 浓度的变化，影响了全球气候变化的关键生态学过程，因而成为全球碳循环研究中备受关注的核心问题（秦燕，2016）。当前人类活动带来的土地利用和管理方式的改变，是全球碳循环的主要驱动因子，其中，土地利用方式的改变会影响土壤有机碳矿化速率，直接决定土壤在全球碳收支过程中的碳"源—汇"作用（Liu et al.，2008）。在时间尺度上，原始林转变为农田会导致土壤有机碳含量和矿化过程产生明显差异（邹建红，2016）；在空间尺度上，不同土地利用方式的土壤异养呼吸（土壤微生物呼吸、土壤有机碳矿化）速率存在差异，如围封地的土壤异养呼吸速率比耕地小（杨新明 等，2018）。值得注意的是，土壤有机碳的矿化速率对土地利用方式改变的响应是不确定的，其矿化速率的增减，可以决定土壤在全球的碳收支中是充当"源"还是"汇"。吴健利等（2016）研究了黄土台塬区 5 种土地利用方式，结果表明，草地有机碳的累积矿化量显著高于林地和耕地，但从土壤可矿化的碳累积分配比例来看，耕地的土壤有机碳矿化能力最高，草地土壤有机碳固存量最高。而周正虎等（2017）以帽儿山地区 4 种土地利用方式为研究对象，结果表明有机碳矿化速率的排序为天然落叶阔叶林＞人工红松林＞草地＞农田，同时发现有机碳矿化速率与土壤有机碳和微生物碳的含量有直接关系。总而言之，综合考虑各种生物与非生物因素的综合作用和人类干扰的差异，不同土地利用方式下土壤有机碳的矿化过程和矿化速率存在差异。

1.2.3.3 有机碳矿化对干湿交替作用的响应

干湿交替是目前陆地生态系统中土壤水分运移过程中的常见现象，主要受到气温和降水的调控。近 50 年来，人类对自然资源不合理的开发与利用所产生的全球变暖、全球降水格局改变以及大气 CO_2 浓度上升等诸多问题已经对地球的生命系统形成了巨大威胁。相关数据表明，温室气体大量排放所造成的温室效应使得全球平均气温在过去 40 年间上升了 0.5℃，并且全球变暖的趋势还在加剧，预计未来 100 年全球平均气温将会上升 2～7℃（Reeves et al.，2014）。干湿交替能够通过改变土壤有机碳的循环时间、土壤物理性质以及微生物活性等方面对有机碳在土壤中的周转和存贮产生影响，从而加快有机碳的释放，最终导致全球变暖加剧（Harrison-Kirk et al.，2014）。一般情况下，土壤有机碳矿化过程主要受到土壤干湿交替的影响。但由于土壤干湿交替过程是一个融合了物理和化学等多方面因素的复杂变化过程，同时考虑到土壤所具有的不均匀性、孔隙结构的复杂性和微生物活动多样性等特点，最终造成干湿交替作用下土壤有机碳矿化机制存在明显的不确定性（Xiang et al.，2008）。以现有的研究来看，得到大多数学者认可的机制主要有两种，一种是土壤物理结构的裂变作用，另一种是土壤微生物活性的激发效应。Zhu 等（2021）对干湿交替条件下土壤团聚体和碳稳定性的相互作用关系进行研究，发现土壤经过风干再湿润这一过程后，其团聚体结构在一定程度上产生裂解，这说明干湿交替作用会影响土壤团聚体的水稳性，将土壤大团聚体破碎并成小团聚体，增加了土壤有机质和土壤微生物的接触，最终导致土壤有机质的分解和矿化过程加快。刘云凯等（2010）通过研究发现土壤的干湿交替作用激发了土壤有机碳的矿化作用，并解释为可能是由于风干土样重新湿润后破坏了其中的土壤团聚体，使得部分土壤有机碳失去物理性保护，导致有机碳从团聚体中释放出来。土壤微生物在多种生化反应过程中发挥着重要作用，是有机物的主要分解者。它们在土壤的形成、有机质分解、腐殖质形成和有毒物质降解等方面都发挥了重要作用。由于土壤的有机质最后都要经过微生物的分解矿化作用后才能重新进行土壤生物地球化学循环过程，因此，土壤同化和矿化能力的大小主要由土壤微生物的生物量多少和微生物的活性来进行反映（宋长青 等，2013）。王君等（2013）的试验表明，往复的干湿交替过程能明显提高干旱土壤再湿润后的矿化作用，干旱并未让土壤中大部分微生物死亡，土壤湿润会导致这些微生物大量繁殖生长，使得土壤中存在的溶解性有机质快速被微生物分解，提高了土壤有机碳矿化。Patel 等（2021）通过对干湿交替条件下溶解性有机质过程进行研究发现，干旱土壤复湿后会让土壤微生物的活性增强、代谢活动加快，提高了有机碳矿化速率。但受全球气候变化的影响，全球降水格局将发生改变，这可能增加干湿交替的出现频率，进而导致土壤有机碳矿化速率变化，最终对土壤碳库产生影响。因此，探讨干湿交替条件下土壤有机碳矿化速率的变化规律具有重要意义。

1.2.3.4　有机碳矿化对有氧—无氧环境的响应

流水侵蚀搬运的泥沙有 70%～90% 留在小流域低洼地带，在黄土高原地区侵蚀的泥沙基本全部进入淤地坝所淤积的坝地中。相关研究表明，沉积区地表以下 30～200 cm 土壤有机碳储量占地表以上 0～200 cm 土壤有机碳储量的 80% 以上（Wang et al.，2014）。因此，深层土壤有机碳循环机制是评估全球土壤有机碳动态不可缺少的一部分。除土壤有机碳随泥沙沉积而造成沉积区土壤碳库增加外，还有一系列复杂且相互作用的过程影响沉积区土壤碳库。在十年到百年的时间尺度上，侵蚀和沉积会导致碳的深埋。土壤沉积区对有机碳的矿化作用表现在以下 4 个方面：①在沉积区，随着淤积的逐渐加深，水分、温度以及氧气水平发生了显著的变化，且不直接接触新鲜输入的有机质，导致有机碳周转速率降低，矿化分解减弱，形成了巨大的碳库（Ming et al.，2018）。②侵蚀搬运、沉积和埋藏过程导致易氧化有机碳的分解损失多，进入沉积区的有机碳相对较少，但是碳的稳定性高，滞留时间也会延长。如果迅速埋藏，则进入沉积区的土壤含有大量不稳定的有机碳，也会存在激发效应，增加微生物的分解活动，加速有机碳的矿化（Wang et al.，2014）。③在沉积区分散的粉砂、黏粒的再团聚会固定土壤碳并降低其矿化风险（Gregorich et al.，1998）。④沉积和埋藏土壤富含无机碳的钙层，会降低其与酸性物质作用而损失的风险（Lal，2003）。

　　沉积区底部的土壤环境与顶层相比，氧气环境势必会从上到下呈现有氧—无氧的变化过程。这种土壤环境的改变也会影响其生存的相关土壤微生物。土壤微生物是有机碳矿化过程的主要驱动者（Adolfo et al.，2020）。土壤中氧气含量发生变化会导致土壤中微生物的生长状况同样发生改变（张敬智 等，2017），土壤中所含的微生物数量和种类丰富，主要以细菌居多。因此，土壤微生物中的细菌是有机碳矿化的主要执行者。DNRA 细菌包括专性厌氧菌、兼性厌氧菌、微嗜氧菌和好氧菌（Xu et al.，2021）。专性厌氧菌的乳酸在乳酸脱氢酶（或氢化酶）的作用下，将被乳酸脱掉的氢直接交给亚硝酸还原酶。最简单的呼吸链由脱氢酶—泛醌—还原酶构成（Grivennikova et al.，2017）。兼性厌氧菌的 DNRA 功能比较普遍，在厌氧条件下将 NADH 中的电子通过泛醌 Q 传递给硝酸还原酶（硝酸呼吸过程），或者直接交给亚硝酸还原酶，将 NO_2^- 还原成 NH_4^+（殷士学 等，2003）。微嗜氧菌的 DNRA 过程与兼性厌氧菌存在明显差异，主要表现在呼吸链延长到了细胞色素 b，是一个较为完整的呼吸系统，同时其呼吸链结构与反硝化菌的呼吸链高度相似，但是 *Csputorum* 在细胞色素 b 之后不存在产能位点，而反硝化菌存在。目前无法确定该菌是否可以作为通过呼吸系统将 NO_3^-/NO_2^- 还原成 NH_4^+ 的一个特例，它是目前已知报告中唯一具备 DNRA 功能的微嗜氧菌。此外，严格好氧菌芽孢杆菌（*Bacillus*）也值得特别关注。依据细菌分类通典贝氏手册上的定义标准，芽孢杆菌（*Bacillus*）属于好氧菌。但近几年的研究结果显示，该属的某些种在 NO_3^- 存在的条件下能够在厌氧环境生活（Das et al.，2021）。在坝地的形成过程中，泥沙淤积深度的增加将极大地改变土壤中氧气浓度，土壤微生物中好氧细菌—异养细菌的转变过程又会如何影响土壤有机碳矿化，在目前的研究领域中尚属空白。

1.2.4　土壤碳循环的微生物及土壤酶作用机制

1.2.4.1　土壤微生物及其研究方法

　　土壤微生物主要是指土壤中任何肉眼看不见或难以看清的微小生物，严格来说应该包括细菌、古菌、真菌、病毒、原生动物和显微藻类等。土壤作为大自然中微生物生长和繁殖的天然培养基，也被称为微生物的大本营。土壤微生物资源在自然界中最为丰富多彩，研究技术难度大、方法要求高，主要研究角度分为 3 个方面：

　　①土壤微生物多样性。土壤生态系统是土壤中的生物和其周围生存环境所组成

的一个自然环境综合体,生物和环境之间相互依赖,又相互制约。土壤微生物多样性存在于基因、物种、种群以及群落4个层面,当前研究也主要集中在物种多样性、功能多样性、结构多样性以及遗传多样性4个方面。

②土壤微生物过程。土壤是自然界物质循环往复的重要基础,土壤中的微生物则是土壤中物质转化的重要动力之一,如固氮作用、硝化作用、反硝化作用、纤维素分解作用等,还包括磷、硫、铁以及其他元素的转化等诸多方面。一样的微生物种群能够发挥不同的土壤功能,而相同的土壤变化过程也可让不同的微生物种群来完成。此外,土壤酶是土壤新陈代谢的重要因素,它与生活着的微生物细胞一起推动物质转化。土壤生物化学反应几乎都是由酶驱动的,在碳、氮、硫、磷等元素的生物循环中都有土壤酶的作用。

③土壤微生物与环境的关系。土壤微生物主要受土壤营养状况、pH、质地等诸多因素的影响,而环境的变更和管理分异是会引起土壤微生物多样性及其生态功能发生变化的重要影响因素。例如,土壤微生物主要在陆地生态系统元素循环中发挥基础作用,人类正面临着严峻的全球气候变化,当环境发生变更,一定会对此造成影响。此外,人类在土壤管理利用方面如果发生改变同样会使土壤微生物发生变化。

随着科学理论和技术的发展和进步,土壤微生物的研究也在不断向前发展和进步。例如,微生物平板培养法可以采用特定的培养基进行培养,然后进行相关计算和形态观测分析,主要用于对土壤中可进行培养的微生物群落进行研究,但是土壤中超过95%的土壤细菌和真菌是不能被培养的(Hawksworth,2001),这使得土壤中大部分不可培养的微生物的功能得不到进一步分析和证明。Biolog-Eco平板主要根据微生物对碳源利用的差异进行微生物培养,但也存在大多数微生物无法培养的局限性,此外,其动力学特性只能根据土壤微生物对碳源利用的差异来进行粗略的估计(Kohler et al.,2005)。磷脂脂肪酸(PLFA)方法作为一种分析方法,主要根据存在于不同微生物细胞膜中PLFA的含量和种类来进行分析研究。PLFA方法使得土壤微生物群落结构研究的准确性有了很大提高,但也存在一定的局限性,主要在于该方法可分析不同处理间的微生物结构差异,而难以在分类水平上对微生物进行识别(刘国华 等,2012)。随着科学技术的进步,尤其是分子生物学的发展进步,测序技术将应用到各个领域,而土壤微生物多样性的相关研究也是其应用的重要方面之一。目前第三代测序和第二代测序的方法主要是一种互为补充的关系,第二代测序方法能获得更多的数据量,第三代测序方法则主要得到更多的信息量。

1.2.4.2 土壤酶活性及其研究方法

土壤酶作为土壤中存在的一种生物催化剂，主要来源有 3 种，分别为土壤微生物的代谢产酶、植物根系的分泌物以及动植物残体在腐解过程中释放的酶。土壤酶在土壤腐殖质的合成与分解、动植物和微生物残体的水解与转化和土壤中化合物的氧化还原反应等众多过程中均发挥了重要作用。土壤中酶的类型很多，到目前为止，已经发现的土壤酶达到了 60 多种。根据酶促反应的类型，可将现有的酶分为六大类，分别为氧化还原酶类、水解酶类、转移酶类、裂合酶类、合成酶类和异构酶类。土壤酶活性大小作为评估土壤质量好坏的重要指标之一，不但可以表现出土壤微生物活性的高低，而且能反映出土壤养分转化与运移能力的强弱。现有研究中涉及较多的碳循环酶主要包括 β-1,4- 木糖苷酶、β-1,4- 葡萄糖苷酶和纤维二糖水解酶，上述碳循环酶均在土壤有机质的分解过程中发挥了作用。氮循环相关酶和 β-N- 乙酰基氨基葡萄糖苷酶主要用于降解几丁质和肽聚糖。磷循环相关的酶主要为磷酸酶。综上，土壤酶反应可以控制包括土壤活性有机质转化及分解等方面在内的一系列生物化学过程。随着科学研究的深入，越来越多的试验表明，土壤酶系统是土壤生化特性的重要组成部分，它积极参与生态系统中的物质循环与能量转化，是土壤的重要组成部分之一。不同的土壤酶不仅在垂直分布上具有明显的规律性（表 1-1），而且土壤酶活性也受到季节的影响，土壤酶活性的季节变化主要是由土壤的水分和温度共同影响的（胡延杰 等，2001）。土壤酶还受到多种因素的影响，比如土壤理化性质（王学娟 等，2014）、施肥（施娴 等，2015）、放牧（焦婷 等，2009）、植被（王理德 等，2014）、土地利用方式（薛萐 等，2011）等。目前，相关研究正进一步展开，众多国内外学者开始关注气候变化对土壤环境和土壤肥力等方面产生的影响。因此，深刻理解局部的碳循环过程中土壤酶活性是如何影响碳周转对解释全球碳"源—汇"效应有着重要的意义。

表 1-1 土壤酶垂直分布规律

文献	过氧化氢酶	脲酶	蔗糖酶	磷酸酶	蛋白酶	转化酶	多酚氧化酶	纤维素酶	β-D 葡萄糖苷酶
赵兰坡 等（1986）				↓					
郭明英 等（2012）	↓	↑			↓	↓			
赵林森 等（1995）	↑	↓		↓	↓	↓	↔		
杨梅焕 等（2012）	↔	↓					↔		
李林海 等（2012）	↑	↓	↓	↓					

文献	过氧化氢酶	脲酶	蔗糖酶	磷酸酶	蛋白酶	转化酶	多酚氧化酶	纤维素酶	β–D 葡萄苷酶
马瑞萍 等（2014）	↓		↓				↔	↓	↓
王群 等（2012）	↓	↓		↓			↓		
文都日乐 等（2010）	↓	↓		↓		↓			
秦燕 等（2012）	↓	↓	↓						
南丽丽 等（2014）	↓	↓		↓					

土壤酶活性的测定主要依据间接法，即通过测定酶促反应后定量底物的产物量或剩余底物量来反映土壤酶活性（Gianfreda et al.，2008）。现有土壤酶活性的测定方法很多，但未形成统一的定式，主要包括分光比色分析法、荧光分析法、放射性同位素分析法以及物理方法等，其中最常用的是分光比色分析法和新型的荧光分析法。

1.2.4.3　土壤酶活性与土壤微生物的相互关系

众多研究表明，土壤酶活性与土壤微生物之间存在十分强烈的相关关系。大多数土壤酶的活性会随土壤微生物数量的增加而增大（Peter et al.，2001）。Taylor 等（2002）研究了土壤微生物数量与土壤酶活性之间的对应关系，结果表明土壤芳基硫酸酯酶、磷酸单酯酶、β- 葡聚糖酶等相关酶活性会随着土壤细菌丰度的增加而增大。也有学者指出，当微生物群落组成不同时，其分泌的酶种类也会存在差异。在沙壤土中，腐霉属以及木霉属真菌可以增加与碳、氮、磷循环有关的酶（磷酸酶、β- 葡聚糖酶、脲酶、纤维素分解酶）（Naseby et al.，2010）。放线菌主要通过过氧化物酶、酯酶和氧化酶等对腐殖质和木质素进行降解处理。真菌则主要通过释放多酚氧化酶和过氧化物酶对酚类化合物等顽固的有机物质进行分解（Sierra et al.，2015）。由此可见，微生物群落组成的改变可能通过改变胞外酶的分泌对碳的降解产生一定影响。综上所述，细菌、真菌和放线菌等是土壤酶活性的主要来源。

1.2.4.4　影响有机碳矿化的微生物以及土壤酶调控作用

微生物对土壤有机质的矿化分解过程不仅是土壤呼吸过程的重要组成部分，也是陆地生态系统中 CO_2 重要排放途径之一。过去一段时间以来，国内外研究人员对微生物在土壤有机碳矿化过程中发挥的作用进行了大量研究，但与土壤有机碳矿化相关的微生物调控机制仍然没有定论（Cleveland et al.，2014）。

众多学者认为，自然或人为扰动诱导条件下的土壤微生物丰度、群落组成和微生物活性的改变都会对土壤有机碳矿化过程产生响应程度的影响，即微生物群落是土壤有机碳矿化过程的主要调控者。例如，Deng（2016）通过室内矿化培养试验对多种土地利用类型下的土壤有机碳矿化与微生物特性之间的关系进行了相关研究，结果表明，微生物量碳和有机碳的比值与土壤有机碳矿化速率表现出耦合变化规律。此外，还有一些学者认为，微生物虽然是土壤有机碳的直接分解者，但对于有机碳的矿化速率不一定因为外界干扰诱导微生物群落的改变而产生相应的影响（Xiao et al.，2017）。土壤中栖息着数量庞大且种类繁多的微生物种群，导致其在土壤中的相关功能表现出显著的冗余现象，即土壤中仅少部分微生物表现出相应的功能，而大多数微生物主要处于休眠或功能相对静止的状态。外界产生的干扰虽然会在一定程度上造成一部分微生物发生丰度的变化和物种的消亡，但这部分微生物的功能将很快被其他微生物所替代，对土壤功能的正常运转不会造成显著的影响。除此以外，微生物的丰度和物种的消亡还存在一个极限值。当微生物种群或者数量小于该极限值时，土壤的功能将会出现明显降低，最终对土壤有机碳的微生物矿化过程产生一定的影响。据此，为了进一步准确估算全球陆地生态系统中的微生物固碳贡献情况，对不同环境、人为管理和气候条件下的土壤自养菌群与微生物固碳速率进行研究便显得尤为重要。

第 2 章
材料及方法

2.1 研究区概况

研究区位于陕西省子洲县西北部的正沟小流域,位于黄河二级支流大理河下游左岸。流域坐标为东经 109°58′29″,北纬 37°43′00″,正沟流域面积为 1.9 km²,属于典型黄土丘陵沟壑区,土壤质地均为黄绵土,海拔高程为 950~1 200 m,年平均气温为 10.2℃,多年平均降水量约为 520 mm,主要集中在 7—9 月,且多以暴雨形式出现,汛期降水量可达到全年降水量的 70% 左右。正沟流域内,沟壑纵横、梁峁林立、沟谷深切、地形破碎。

取样点的位置是正沟流域集水区的一座骨干淤地坝(正沟骨干坝)坝地,该坝建于 1960 年,因暴雨毁于 2017 年。采用高精度的全球定位系统(GPS)与快鸟影像结合,获得正沟骨干坝坝址以上集水区的地形图。根据现场调查,集水区内的土地利用类型主要有林地(杏树)、草地(白羊草群落)、灌木地(铁杆蒿群落)、坡耕地(高粱)和坝地。

2.2 试验设计

2.2.1 土样采集

2.2.1.1 坡面侵蚀源区

坡面样品的采集覆盖了流域范围内所有的土地利用类型(耕地、林地、草地、灌木地)。本书认为不同的土地利用方式为不同的侵蚀源,在每个侵蚀源区,选取 3 个样地,每个样地设置 3 个样方，每个样方按照 9 点采样法采集样品，用直径为 5 cm 的土钻在各样方内采集 9 个 0～20 cm、20～40 cm 和 40～60 cm 土样并分层混合，在野外组合成一个单一的复合样品，具体如图 2-1 所示。在作物收获之后的坡耕地上采集土壤样品，在取样的地点，秸秆未归还农田。所有混合土样挑选出石块与植物根系后等分为 3 份：一份于自然环境下风干，用于土壤理化参数的测定；一份冷藏于 4℃ 条件下，用于土壤酶以及微生物多样性测定；一份冷冻于 -70℃ 条件下，用于微生物丰度与物种多样性测定。此外，于各样方内采集地表以下 0～30 cm 土层中的混合土样，用于 ^{137}Cs 和 ^{210}Pb 活性检测；采集表层土壤环刀样（体积为 100 cm^3），用于土壤容重分析。

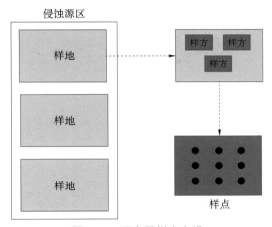

图 2-1　研究区样方布设

2.2.1.2　坝地沉积汇区

在坝体水溃位置处挖取垂直高度为 14.69 m 的原状泥沙淤积剖面（直至原始沟道），对淤积剖面进行仔细划分可以反映洪水与泥沙的耦合关系（图 2-2）。识别场次洪水淤积泥沙的边界是比较容易的，因为剖面淤积旋回每层沉积循环都遵循一个特点，即土壤颗粒均由粗到细进行落淤沉积形成，粗砂在底层，上层是较细的颗粒。这种结构有利于识别每一场洪水，然而并不是每一场洪水都会有这种沉积规律，有个别场次洪水会有混合层。在现场采样测量每个淤积层的厚度，第一层来自耕作层（厚度 40 cm），然后依次进行划分和采集样品，淤积层厚度为 2～76 cm。本研究共采集 58 层沉积物样品，每层一并采集土壤容重样品。所有土样等分为 3 份：一份于自然环境下风干，用于土壤理化参数的测定以及 ^{137}Cs 和 ^{210}Pb 活性检测；一份冷藏于 4℃ 条件下，用于土壤酶以及微生物多样性测定；一份冷冻于 -70℃ 条件下，用于微生物丰度与物种多样性测定。

图 2-2   沉积区样品采集

2.2.1.3   干湿交替区

由于淤地坝的蓄混排清作用，在洪水期间坝地处于淹没状态，洪水过后通过排水设施将洪水逐渐排出，土壤变干，周而复始，在坝地表层形成了干湿交替的循环。针对这一实际情况，将坝地分为坝前、坝中和坝后 3 个区域，在每个区域内按照 9 点法在坝地表层进行取样，并将 3 个区域的样品合并为一个单一的复合样品。

2.2.1.4   有氧—无氧区

侵蚀泥沙在经历干湿交替过程后逐渐落淤成一层淤积层，随着时间的延长逐渐形成淤积层逐渐叠加的多层淤积剖面。淤积剖面氧气环境势必会从上到下呈现有氧—无氧的变化过程。针对这一实际情况，对淤积剖面的顶部和底部进行采样，具体采样方法同 2.2.1.2 节。

2.2.2   室内矿化培养试验

淤地坝拦蓄侵蚀产生的泥沙，形成土壤肥力较为肥沃的坝地，侵蚀泥沙的源地主要为淤地坝控制面积内坡面不同土地利用类型方式下的土壤，侵蚀泥沙在坝地落淤过程中存在土壤湿润—干燥交替现象，之后侵蚀泥沙逐渐沉积形成淤积剖面，淤积剖面土壤气体环境自上而下发生变化，由最上层的有氧环境逐渐转变为底层的无氧环境。因此，结合上述几个关键过程，设计室内培养试验，以期阐明坝地形成过程各阶段对有机碳矿化的影响。

2.2.2.1 侵蚀"源—汇"区矿化培养试验

将过 2 mm 筛的新鲜土样的水分含量控制在田间持水量的 60%，并保持在 25℃的黑暗条件下预培养 7 d，以稳定土壤微生物活性。预培养完成后，称取 50 g（干土重）预培养土壤装入容量为 500 ml 的玻璃瓶中，最后放入盛有 20 ml 0.1 mol/L NaOH 溶液的塑料瓶以吸收培养过程释放的 CO_2，每个土样进行 3 次重复。此外，将盛有 20 ml 0.1 mol/L NaOH 溶液但无土样的培养瓶作为对照，用以计算从空气中吸收的 CO_2 量。以上所有培养瓶均保持在 25℃ 黑暗条件下培养 70 d，然后分别在第 1 天、第 3 天、第 5 天、第 7 天、第 9 天、第 15 天、第 25 天、第 40 天、第 55 天和第 70 天收集并更换吸收 CO_2 的 NaOH 溶液。培养期间向培养瓶内加入适量的灭菌超纯水，以保持培养土壤水分的恒定。培养结束后，向收集的 NaOH 溶液中加入 10 ml 0.1 mol/L $BaCl_2$ 溶液，并对其进行离心过滤（0.45 μm 滤头），最后利用 0.5 mol/L HCl 滴定 NaOH 过滤液（以甲基橙为指示剂）并计算土壤释放的 CO_2 量（图 2-3）。

图 2-3 矿化培养

2.2.2.2 干湿交替矿化试验

将过 2 mm 筛的新鲜土样的水分含量控制在田间持水量的 60%，并保持在 25℃的黑暗环境条件下预培养 7 d，以稳定土壤微生物活性。试验设置干湿交替［100%～30% 土壤含水量（WHC）］、恒湿（100% WHC）和恒干（30% WHC）3 种水分状况。干湿交替处理设置 5 个连续干湿循环，每个干湿周期包括缓慢干旱过程和快速湿润过程，使 WHC 100% 降至 30%，湿润过程采取快速喷淋的方式使土壤含水率在数分钟内迅速达到 100%。恒湿处理通过定期补充水分，保持土壤含水率为 100%。在试验培养周期内，分别进行土壤采集，一部分用于测定微生物等相关指标，一部分用于测定土壤理化性质。

2.2.2.3 有氧—无氧矿化试验

首先对坝地淤积剖面土壤进行预培养，以稳定土壤微生物活性，预培养方法同前。试验设置 2 组不同氧气含量，氧气含量分别为 21% 和 0（图 2-4）。在试验开始前，根据计算装置的体积换算不同氧气含量条件下对应的真空值，将试验装置内的空气使用空气压缩机抽出，以达到试验氧气含量要求。培养期间加入适量的灭菌超纯水，以保持培养土壤水分恒定。培养时间共 70 d，培养方法以及测定 CO_2 量的方法同前。在试验培养周期内，分别进行土壤采集，一部分用于测定微生物等相关指标，一部分用于测定土壤理化性质。

图 2-4　氧气浓度梯度矿化培养

2.3　土壤样品测定及相关计算

2.3.1　土样侵蚀速率估算

使用美国堪培拉公司生产的高纯锗（HPGe）探头多道 γ 能谱仪对土壤样品的 ^{137}Cs 和 ^{210}Pb 含量进行测定。土样经室内风干之后，用 2 mm 孔径的筛子筛取土壤样品，装于高 75 mm，直径 25 mm 圆形塑料盒中，样品质量在 99～138 g 不等，均为满盒，用胶带密封。测量本底使用反康普顿 HPGe 谱仪系统，探测器为 EGC50-200-R（Eurisys Mesures，France），相对探测效率为 50.7%，能量分辨率 1.95 keV（FWHM，1332 keV），反康系统峰康比大于 1 000（^{137}Cs），积分本底实测 0.34 cps（50 keV～2 MeV）。测量刻度源 ^{137}Cs 能量为 661.66 keV 的射线全能峰计数率，标定 ^{137}Cs 活度。取回的土样经过自然风干，过 2 mm 筛子，去根，称取约 0.5 g，加入 30% 过氧化氢（H_2O_2），浸泡 24 h 后，用蒸馏水稀释，静置。去掉上清液，除去酸。超声波处理 30 s 后，用激光粒度仪 Mastersizer 2000 测量土壤颗粒体积分数。

土壤侵蚀计算模型采用 Zhang 等（1990）提出的土壤剖面 ^{137}Cs 的指数分布形式，假定 ^{137}Cs 全部沉降于 1963 年，提出的土壤侵蚀计算模型表达式为

$$A = A_0 e^{-\lambda h} \tag{2-1}$$

式中，A 为侵蚀地点 ^{137}Cs 面积活度，Bq/m^2；A_0 为 ^{137}Cs 背景值，Bq/m^2；λ 为 ^{137}Cs 年赋存系数（0.977）；h 为 1963 年以来总侵蚀厚度，cm。

样点年均土壤侵蚀速率为

$$E = A \times h_r \times 10^4 \tag{2-2}$$

式中，E 为土壤侵蚀速率；h_r 为侵蚀厚度，cm。

2.3.2　δ^{13}C 值的测定

采用 CCIA-36d-EP 二氧化碳同位素质谱仪（Los Gatos Research Inc., USA）检测土壤 δ^{13}C 值。δ^{13}C 值的测定以 PDB（Pee Dee Belemnite）为标准，稳定碳同位素比值据下式计算：

$$\delta^{13}C = \frac{\left(^{13}C/^{12}C\right)Sample - \left(^{13}C/^{12}C\right)PDB}{\left(^{13}C/^{12}C\right)PDB} \tag{2-3}$$

式中，$\left(^{13}C/^{12}C\right)$PDB 为标准物质 PDB 的 ^{13}C/^{12}C；δ^{13}C 为样品 ^{13}C/^{12}C 与标准样品偏离的比率。

2.3.3　有机碳的贡献率计算

采用 Phillips 等（2002）提出的计算方法确定不同的侵蚀源区对沉积区土壤有机碳的贡献，计算公式如下：

$$N_M = f_a N_a + f_b N_b + f_c N_c + f_d N_d + f_e N_e \tag{2-4}$$

$$\delta^{13}C_M = f_a \delta^{13}C_a + f_b \delta^{13}C_b + f_c \delta^{13}C_c + f_d \delta^{13}C_d + f_e \delta^{13}C_e \tag{2-5}$$

$$^{137}Cs_M = f_a {}^{137}Cs_a + f_b {}^{137}Cs_b + f_c {}^{137}Cs_c + f_d {}^{137}Cs_d + f_e {}^{137}Cs_e \tag{2-6}$$

$$^{210}Pb_M = f_a {}^{210}Pb_a + f_b {}^{210}Pb_b + f_c {}^{210}Pb_c + f_d {}^{210}Pb_d + f_e {}^{210}Pb_e \tag{2-7}$$

$$1 = f_a + f_b + f_c + f_d + f_e \tag{2-8}$$

式中，下角标 M 为沉积区的浓度；下角标 a，b，c，d，e 为不同侵蚀源区的浓度；f 为每个侵蚀源区对侵蚀区的贡献。

2.3.4 矿化指标计算

2.3.4.1 土壤 CO_2-C 释放量

土壤 CO_2-C 释放量计算公式如下：

$$C_i = \left[(A_0 - A_1) - (A_0 - A_2) \right] \times \frac{M_c}{2} \qquad (2-9)$$

式中：C_i 为第 i 次滴定土壤 CO_2 释放量，mg CO_2-C；A_0 为培养前加入 NaOH 的物质的量，nmol；A_1 为培养土样 NaOH 溶液的 HCl 滴定量，nmol；A_2 为空白样的 HCl 滴定量，nmol；M_c 为碳的原子质量。

2.3.4.2 土壤微生物呼吸速率

土壤微生物呼吸速率计算公式如下：

$$Q = \sum C_i / (m \times T) \qquad (2-10)$$

式中：Q 为土壤微生物呼吸速率，mg/（kg·d）；m 为培养土样质量，kg；T 为培养时间，d。

2.3.4.3 土壤有机碳矿化比

土壤有机碳矿化比计算公式如下：

$$R = \sum C_i / SOC \qquad (2-11)$$

式中：R 为土壤有机碳矿化比；SOC 为土壤有机碳含量，mg。

2.3.5 土壤酶计算

本研究将土壤酶的类型主要分为三种：与碳相关的酶有 β- 葡萄糖苷酶（BG）、纤维素酶（EG）、β- 木糖苷酶（EC）；与氮相关的酶有亮氨酸酶（LAP）、N- 乙酰氨基 -β- 葡萄糖苷酶（NAG）、丙氨酸酶（ALT）；与磷相关的酶有磷酸酶（AP）。计算公式如下：

$$A_b = FV / (eV_1 tm) \qquad (2-12)$$

$$F = (f - f_b) / q - f_s \qquad (2-13)$$

$$e = f_r / (C_s V_2) \qquad (2-14)$$

$$q = (f_q - f_b) / f_r \qquad (2-15)$$

式中：A_b 为土壤样品的酶活性，μmol/（g·h）；F 为校正后的样品荧光值；V 为土壤悬浊液的总体积，125 ml；V_1 为微孔板每孔中加入的样品悬浊液的体积，0.2 ml；t 为暗培养时间，4 h；m 为干土样的质量（1 g 鲜土样换算成干土样的结果）；f 为酶标仪读取样品微孔的荧光值；f_b 为空白微孔的荧光值；q 为淬火系数；f_s 为阴性对照微孔的荧光值；e 为荧光释放系数 μmol^{-1}；f_r 为参考标准微孔的荧光值；C_s 为参考标准微孔的浓度，10 μmol/L；V_2 为加入参考标准物的体积，0.000 05 L；f_q 为淬火标准微孔的荧光值。

2.3.6　微生物群落代谢特征

土壤微生物群落代谢特征的测定采用 Biolog-ECO 微平板（Biolog Co.，USA）。Biolog-Eco 微平板有 31 种碳源，根据官能团分为六大类，其中碳水化合物 12 种、氨基酸 6 种、羧酸类 5 种、多聚物 4 种、胺类 2 种以及酚酸类 2 种，此外还有 1 种是水。称取相当于 5 g 干土的鲜土加入装有 45 ml 灭菌生理盐水（0.85%）的 100 ml 三角瓶中，以 180 r/min 振荡 30 min 混匀。上清液依次用 0.85% 的灭菌生理盐水稀释 1 000 倍，后用八通道移液器吸取 150 μl 提取液加入 Biolog-Eco 微平板中，28℃恒温避光培养7 d，每隔 24 h 采用 Biolog MicrostationTM 酶标仪进行测定（Bio-EK Instruments Inc.，USA），测定 590 nm 和 750 nm 处的吸光值。

①平均颜色变化率。

平均颜色变化率（Average Well Color Development，AWCD）计算公式如下：

$$\text{AWCD} = \sum C_{590-750} / n \tag{2-16}$$

② Shannon 指数。

用于评估物种丰富度的 Shannon 指数（H）计算公式如下：

$$H = -\sum p_i \ln p_i \tag{2-17}$$

③ Simpson 指数。

用于评估某些常见种的优势度的 Simpson 指数（D）计算公式如下：

$$D = 1 - \sum p_i^2 \tag{2-18}$$

④ Mclntosh 指数。

用于评估群落物种均匀度的 Mclntosh 指数（U）计算公式如下：

$$U = \sqrt{\sum n_i^2} \qquad\qquad (2\text{-}19)$$

式中，C 为反应孔吸光值；n 为碳源数；p_i 为第 i 孔相对吸光度值与整个平板相对吸光度值总和的比率；n_i 为第 i 孔的相对吸光值。

2.4 数据处理

不同坡位间土壤参数差异的显著性主要通过单因素方差分析（ANOVA）方法进行研究，独立样本 T 检验主要对样地间土壤参数差异的显著性进行分析，采用 Pearson 相关性分析法对不同土壤参数间的相关性系数进行计算研究，显著性水平均设置为 $P<0.05$。解释变量对响应变量的影响程度高低主要用多元逐步线性回归法确定，为确保方差膨胀因子小于 2，所有相关解释变量都需进行共线检验。上述分析过程均采用 SPSS 19.0 软件进行处理。利用 Canoco 4.5 进行主成分分析（Principal Component Analysis，PCA），为保证排序轴最大特征值小于 3，在主成分分析前首先对数据进行降趋势对应分析（Detrended Correspondence Analysis，DCA）。本书中图均采用 Origin 8.0 软件绘制。

第 3 章
不同侵蚀源区土壤
有机碳矿化特征及其影响因素

  土壤侵蚀是世界上主要的生态和环境问题之一，全球受侵蚀影响的土地面积达到 $1.094 \times 10^7 \ km^2$，其中受水蚀影响的土地面积为 $7.51 \times 10^6 \ km^2$（Lal，2003）。土壤侵蚀不但导致土壤退化、生产力下降，严重制约农业生产，而且土壤侵蚀引起的泥沙搬运过程使得土壤中各种养分含量发生较大变化，影响元素地球化学循环（Wei et al.，2014；Quinton et al.，2010）。坡面作为小流域最基本的组成单元之一，也是流域内侵蚀泥沙的主要贡献者。为了控制黄土高原严重的水土流失现象，我国政府自 20 世纪 90 年代开始在坡面上实施大规模退耕还林还草等措施，使当地缓解气候变化的能力显著提高（Cukor et al.，2017）。

  人类活动引起的坡面侵蚀源区的改变不仅是目前碳周转过程的主要驱动因子之一，而且是土壤有机碳储量在坡面不同侵蚀源区含量差异的重要影响因子。不同侵蚀源区凋落物理化性质的差异会对土壤碳库产生影响，导致不同侵蚀源区土壤的养分含量、质地和 pH 等产生明显差异，同时这些差异还会对土壤中的动物呼吸的来源产生影响，并最终对土壤有机碳的矿化过程产生间接影响。值得注意的是，坡面侵蚀源区的改变对土壤有机碳矿化速率的影响是不确定的，其速率的提高或降低，能够决定土壤在全球的碳收支中担任"源"还是"汇"（邬建红 等，2015）。现有研究结果表明，林地和耕地的有机碳累积矿化量明显低于草地，但耕地的可矿化能力最大。但也有学者得出不同的结论，周正虎等（2017）研究发现有机碳的矿化速率为天然落叶阔叶林＞人工红松林＞草地＞农田，并表明有机碳矿化速率主要与土壤有机碳和微生物碳的含量呈显著正相关。

  侵蚀源区的改变还会对土壤微生物群落产生重要的影响（García-Orenes et al.，2016）。相关研究指出，侵蚀源区变化前后的土壤微生物结构并无明显变化，表明侵蚀源区的差异对土壤微生物的结构与功能影响较小（Card et al., 2010）。但也有学者对此结论持不同观点，他们认为，侵蚀源区改变后土壤微生物群落结构不能恢复原状，但微生物功能可以恢复（Sxa et al., 2017）。总体而言，微生物是土壤有机碳矿化的主要承担者，侵蚀可引发微生物丰度、物种多样性与群落组成的改变，可能会在一定程度上影响或调控土壤有机碳矿化。为将以"黑箱"理论为基础的土壤碳库净收支评估的方法创新，进一步阐明土壤有机碳的矿化过程以及微生物在小流域不同侵蚀源区影响下的作用机制，本章以黄土高原典型流域内坡面不同侵蚀源区为研究对象，通过开展室内矿化培养试验，对比分析不同侵蚀源区化学性质、土壤细菌丰度、物种多样性、群落组成、土壤酶活性与有机碳矿化特征，并深入探究不同侵蚀源区土壤有机碳矿化与生物、非生物因子间的内在联系，这对科学阐明水力侵蚀引发的土壤有机碳动态变化的微观机制具有重要意义。

3.1　不同侵蚀源区土壤有机碳矿化特征

3.1.1　矿化量

在整个培养期间，地表以下 0～20 cm 土层有机碳矿化量最高，20～40 cm 次之，40～60 cm 土层有机碳矿化量最低（$P>0.05$）（图 3-1）。在地表以下 0～20 cm 深度土层中，培养初期（0～9 d）草地、林地和灌木有机碳矿化量逐渐升高，并逐渐达到最大值，之后矿化量逐渐下降并趋于稳定。地表以下 0～20 cm 土层各侵蚀源区最大有机碳矿化量为林地（9 d，0.46 mg）>灌木（5 d，0.37 mg）>草地（3 d，0.34 mg）>耕地（1 d，0.25 mg）。当培养时间达到 40 d 时，耕地有机碳矿化量反超其他 3 种类型，并持续到培养结束。在地表以下 20～40 cm 深度土层中，灌木、林地和耕地有机碳矿化量均在第 9 天达到最大，而草地则在第 7 天达到最大。不同侵蚀源区在地表以下 20～40 cm 深度土层中的有机碳矿化量整体波动较小。当土层深度下降到地表以下 40～60 cm 时，不同侵蚀源区有机碳矿化量在培养前 5 d 内均出现降低的规律，之后逐渐升高，而耕地有机碳矿化量在升高之后出现更为剧烈的下降变化规律，直至培养的第 55 天耕地有机碳矿化量达到其他类型矿化量水平。从不同培养时间矿化量水平来看，地表以下 0～20 cm 土层有机碳矿化量高于其他土层，地表以下 20～40 cm 与 40～60 cm 土层有机碳矿化量相差较小，不同侵蚀源区的表层土壤对有机碳矿化量影响更为明显。

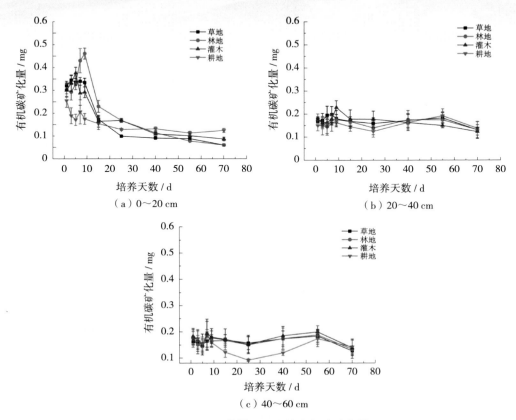

图 3-1　不同侵蚀源区土壤有机碳矿化量

　　图 3-2 为不同侵蚀源区有机碳累积矿化量。整体来看，地表以下 0～60 cm 土层不同侵蚀源区有机碳累积矿化量在培养前 9 d 内急剧上升，之后随着培养时间的增加，有机碳累积矿化量增幅逐渐降低，且地表以下 0～20 cm 土层有机碳累积矿化量均高于其他土层深度。在地表以下 0～20 cm 土层中，有机碳累积矿化量为林地（2.36 mg）＞草地（2.18 mg）＞灌木（2.02 mg）＞耕地（1.64 mg），且林地、草地和灌木前 9 d 的累积矿化量均达到整体矿化量的 70% 以上，耕地前 9 d 累积矿化量也达到整体矿化量的 60%。随着土层深度的增加，各侵蚀源区的有机碳累积矿化量逐渐接近。

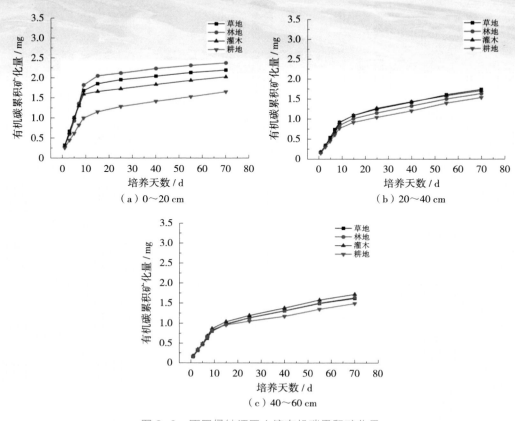

图 3-2　不同侵蚀源区土壤有机碳累积矿化量

3.1.2　矿化速率

不同侵蚀源区的有机碳矿化速率随培养时间的变化规律如图 3-3 所示。从图 3-3 中可以看出，土壤有机碳矿化速率随培养时间的延长而逐渐降低。各侵蚀源区不同深度的有机碳矿化速率曲线具有相同的变化规律：培养初期（前 5 d）急速降低，之后快速降低直至 25 d 左右，此后的有机碳矿化速率随时间的延长变化较为平缓。由于不同侵蚀源区的有机碳质量存在差异，因此其有机碳矿化速率也不同。不同侵蚀源区的土壤有机碳矿化速率差异主要存在于培养前 25 d，不同侵蚀源区的有机碳矿化速率差异随着深度的增加而逐渐减小。

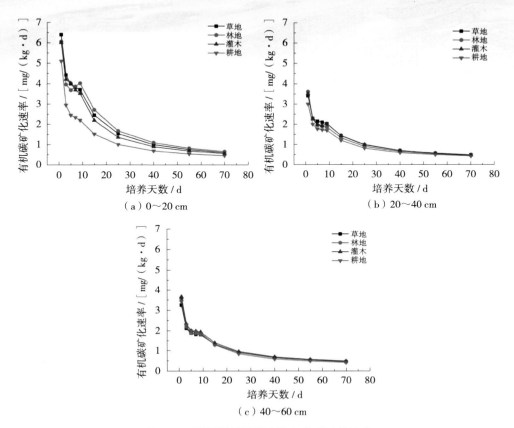

图 3-3 不同侵蚀源区土壤有机碳矿化速率

土壤有机碳初始矿化速率的大小能够反映土壤中微生物的数量和活性，而有机碳的矿化速率下降程度则反映了土壤中能被微生物利用的有机碳含量及微生物在不同阶段利用其含量大小的变化。在 70 d 培养结束时，不同深度的草地、林地、灌木和耕地土壤矿化速率分别为培养开始时的 9.7%、11.1%、9.5% 和 9.2%（0～20 cm），14.4%、12.8%、13.8% 和 14.5%（20～40 cm），14.2%、13.1%、13.4% 和 12.4%（40～60 cm）。由此可知，地表以下 0～20 cm 土层，林地有机碳矿化速率下降幅度最大，草地次之；地表以下 20～40 cm 土层，耕地下降幅度最大，其次为草地；地表以下 40～60 cm 土层，草地下降幅度最大，灌木次之。

3.1.3 矿化比

不同侵蚀源区不同深度对有机碳矿化比有显著的影响（$P>0.05$）（表 3-1）。在不同侵蚀源区地表以下 $0\sim60$ cm 土层，有机碳矿化比大小依次为林地＞耕地＞草地＞灌木，且各侵蚀源区地表以下 $0\sim20$ cm 土层有机碳矿化比均为最低（$P>0.05$）。在同一侵蚀源区下，有机碳矿化比在不同土层之间也存在差异。耕地和灌木最大的有机碳矿化比出现在 $20\sim40$ cm 土层，林地和草地为 $40\sim60$ cm 土层。

表 3-1　土壤有机碳矿化比

侵蚀源区	土层深度 / cm	矿化比
		g CO_2–C/g SOC
耕地	0～20	0.000 49±0.000 10 a
	20～40	0.000 84±0.000 20 b
	40～60	0.000 78±0.000 13 c
	总计	0.002 13
林地	0～20	0.000 26±0.000 09 a
	20～40	0.000 69±0.000 12 b
	40～60	0.001 19±0.000 50 c
	总计	0.002 16
草地	0～20	0.000 27±0.000 05 a
	20～40	0.000 81±0.000 03 b
	40 ～ 60	0.000 90±0.000 04 c
	总计	0.001 99
灌木	0～20	0.000 10±0.000 02 a
	20～40	0.000 80±0.000 06 b
	40～60	0.000 70±0.000 04 c
	总计	0.001 65

注：同列数字后不同小写字母表明不同干湿交替次数之间存在显著差异（$P<0.05$）。

3.1.4　矿化潜力

将培养时间与土壤有机碳累积矿化量通过一级动力学方程进行拟合，拟合结果较好，拟合 R^2 为 0.96～0.99，结果见表 3-2。在地表以下 0～20 cm 土层，林地土壤潜在可矿化有机碳量最高，灌木最低。在地表以下 20～40 cm 土层，耕地和草地潜在可矿化有机碳量最高，灌木最低。在地表以下 40～60 cm 土层，草地潜在可矿化有机碳量最高，灌木最低。随着土层深度的增加，潜在可矿化有机碳量逐渐降低，各侵蚀源区表层土壤潜在可矿化有机碳量分别为底层土壤的 1.40 倍、1.52 倍、1.20 倍和 1.13 倍。不同侵蚀源区整体潜在可矿化有机碳量大小分别为林地＞耕地＞草地＞灌木，且表层土壤潜在可矿化有机碳量分别占整体潜在可矿化有机碳量的 40.4%、43.3%、37.4% 和 35.5%。

表 3-2　土壤有机碳矿化潜力

侵蚀源区	土层深度 /cm	有机碳矿化潜力 (Cp)/mg	有机碳矿化速率常数 (k)/d^{-1}	R^2
耕地	0～20	2.10	0.14	0.99
	20～40	1.59	0.08	0.98
	40～60	1.50	0.07	0.98
	总计	5.19	—	—
林地	0～20	2.30	0.12	0.98
	20～40	1.50	0.07	0.97
	40～60	1.51	0.07	0.97
	总计	5.31	—	—
草地	0～20	1.89	0.15	0.98
	20～40	1.59	0.07	0.98
	40～60	1.58	0.07	0.97
	总计	5.06	—	—
灌木	0～20	1.50	0.10	0.97
	20～40	1.40	0.07	0.97
	40～60	1.33	0.09	0.96
	总计	4.23	—	—

3.2 不同侵蚀源区土壤养分特征

3.2.1 有机碳

不同侵蚀源区地表以下不同土层深度处的土壤有机碳含量如图 3-4 所示。地表以下 0～20 cm 土层，草地、林地和灌木有机碳含量均高于耕地（$P<0.05$）。耕地在整个培养周期内（70 d）有机碳含量均无显著性变化，而草地、林地和灌木均表现出初期含量最低（5 d），随着培养时间增加有机碳含量逐渐增加（$P<0.05$），之后趋于稳定状态。随着土层深度的增加，有机碳含量逐渐降低。地表以下 20～40 cm 土层深度，

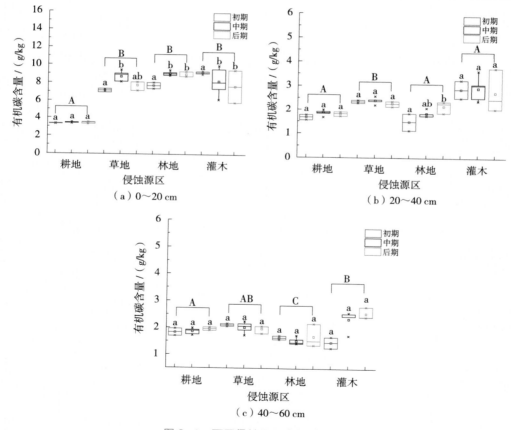

图 3-4 不同侵蚀源区有机碳含量

注：大写字母表示在同一深度下，不同侵蚀源区有机碳含量差异达到显著性水平（$P<0.05$）；小写字母表示同一侵蚀源区，不同阶段有机碳含量差异达到显著性水平（$P<0.05$）。

灌木有机碳含量显著高于其他类型有机碳含量（$P<0.05$）。在整个培养周期内，仅林地有机碳含量发生了比较明显的变化，耕地、草地和灌木在培养过程中均无显著性差异（$P>0.05$）。在地表以下 40～60 cm 时，灌木有机碳含量最高，林地次之，耕地最低。在整个培养周期内，各侵蚀源区的有机碳含量均无明显的变化。

3.2.2　全氮

不同侵蚀源区地表以下不同土层深度处的土壤全氮含量如图 3-5 所示。在整个培养周期内，各土层全氮含量均无明显变化（$P>0.05$），且随着深度的增加，全氮含量逐渐降低（$P<0.05$）。在地表以下 0～20 cm 土层深度，灌木全氮含量最高，耕地含量

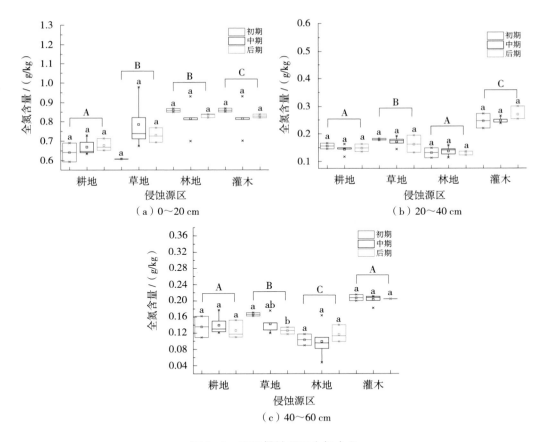

图 3-5　不同侵蚀源区全氮含量

注：大写字母表示在同一深度下，不同侵蚀源区全氮含量差异达到显著性水平（$P<0.05$）；小写字母表示同一侵蚀源区，不同阶段全氮含量差异达到显著性水平（$P<0.05$）。

最低（$P<0.05$）。在地表以下 20～40 cm 土层深度，灌木全氮含量仍显著高于其他类型，草地次之。在地表以下 40～60 cm 土层深度，林地全氮含量降为最低，仅为 0.10 g/kg，灌木和耕地全氮含量持平。

3.2.3 全磷

不同侵蚀源区地表以下不同土层深度处的土壤全磷含量如图 3-6 所示。不同侵蚀源区土壤中的全磷在不同深度下以及在整个培养期内，均无显著性差异。

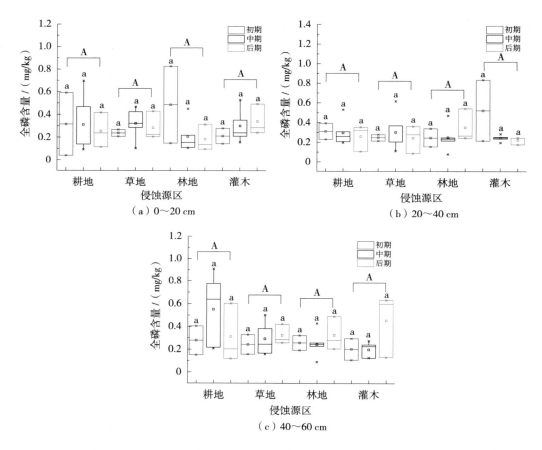

图 3-6 不同侵蚀源区全磷含量

注：大写字母表示在同一深度下，不同侵蚀源区有机碳含量差异达到显著性水平（$P<0.05$）；小写字母表示同一侵蚀源区，不同阶段有机碳含量差异达到显著性水平（$P<0.05$）。

3.2.4 化学计量学特征

不同侵蚀源区化学计量学特征见表 3-3。在地表以下 0～60 cm 土层深度，不同培养周期内耕地、草地和林地的 C/N、C/P 和 N/P 均无显著性差异，仅灌木在地表以下 40～60 cm 土层中初期 C/N 低于中期和后期（$P < 0.05$）。在地表以下 0～20 cm 土层中，除林地在培养中期 N/P 显著高于耕地和灌木（$P < 0.05$），其余阶段各侵蚀源区的化学计量学特征均无显著性差异。在地表以下 20～40 cm 土层中，各侵蚀源区在各阶段内化学计量学特征均无显著性差异。在地表以下 40～60 cm 土层中，仅灌木在培养中期 N/P 值显著高于其他各侵蚀源区（$P < 0.05$）。

表 3-3 不同侵蚀源区化学计量学特征

侵蚀源区	阶段	0～20 cm			20～40 cm			40～60 cm		
		C/N	C/P	N/P	C/N	C/P	N/P	C/N	C/P	N/P
耕地	初期	12.11±0.66Aa	45.49±56.48Aa	3.63±4.46Aa	13.72±2.06Aa	6.58±1.55Aa	0.54±0.25Aa	13.83A±2.40Aa	8.04±4.47Aa	0.56±0.22Aa
	中期	14.01±6.86Aa	19.77±13.91Aa	1.54±1.09Aa	13.93±0.97Aa	7.94±2.17Aa	0.53±0.16Aa	13.47±1.68Aa	5.08±3.72Aa	0.41±0.33Aa
	后期	13.03±1.13Aa	17.43±10.67Aa	1.34±0.84Aa	13.24±1.59Aa	9.17±6.65Aa	0.72±0.45Aa	15.79±2.29Aa	9.85±6.84Aa	0.66±0.54Aa
	全阶段	13.05 **Aa**	27.56 **Aa**	2.17 **Aa**	13.63 **Ba**	7.89 **Ba**	0.60 **Ba**	14.36 **Ca**	7.65 **Ca**	0.54 **Ba**
草地	初期	9.21±3.52Aa	30.71±6.81Aa	3.75±2.17Aa	13.03±0.85Aa	9.59±2.15Aa	0.73±0.11Aa	12.64A±0.83Aa	9.89±4.69Aa	0.79±0.42Aa
	中期	13.03±1.01Aa	36.45±28.35Aa	2.72±1.97ABa	13.99±1.11Aa	10.76±6.11Aa	0.75±0.38Aa	14.41±2.24Aa	8.45±3.81Aa	0.58±0.24Aa
	后期	11.46±0.83ABa	29.84±9.66Aa	2.64±0.98Aa	14.19±3.26Aa	13.35±10.92Aa	1.05±1.02Aa	15.65±0.57Aa	6.39±1.55Aa	0.42±0.08Aa
	全阶段	11.23 **Aa**	32.33 **Ab**	3.03 **Aab**	13.73 **Bb**	11.23 **Bb**	0.84 **Ba**	14.23 **Ca**	8.24 **Ca**	0.59 **Ba**
林地	初期	12.69±0.75Aa	31.63±32.13Aa	2.42±2.38Aa	11.89±6.11Aa	6.36±1.37Aa	0.64±0.44Aa	16.41A±4.14Aa	6.88±2.81Aa	0.41±0.06Aa
	中期	11.71±1.58Aa	58.23±28.19Aa	5.05±2.44Ba	13.66±1.76Aa	10.02±6.86Aa	0.76±0.58Aa	18.65±10.80Aa	8.13±6.22Aa	0.43±0.18Aa
	后期	12.25±0.77ABa	61.58±30.24Aa	5.12±2.79Aa	16.51±2.69Aa	6.81±2.43Aa	0.42±0.17Aa	14.68±4.20Aa	6.21±3.91Aa	0.39±0.13Aa
	全阶段	12.21 **Aa**	50.48 **Ab**	4.19 **Ab**	14.02 **Bb**	7.73 **Ba**	0.60 **Ba**	16.58 **Cb**	7.07 **Ca**	0.41 **Ba**

侵蚀源区	阶段	0~20 cm			20~40 cm			40~60 cm		
		C/N	C/P	N/P	C/N	C/P	N/P	C/N	C/P	N/P
灌木	初期	10.66± 0.35Aa	48.01± 21.03Aa	4.53± 2.12Aa	11.65± 0.29Aa	9.03± 8.52Aa	0.76± 0.71Aa	11.11A± 1.03Aa	9.95± 7.98Aa	1.33± 0.92Aa
	中期	10.19± 2.48Aa	32.26± 14.08Aa	3.21± 1.35Aa	11.94± 2.42Aa	12.16± 2.96Aa	1.01± 0.11Aa	11.69± 2.12Ab	13.41± 5.99Aa	1.13± 0.41Ba
	后期	9.18± 2.17Ba	25.38± 11.77Aa	2.66± 0.86Aa	10.45± 4.06Aa	12.18± 2.71Aa	1.24± 0.36Aa	12.54± 1.01Ab	9.04± 8.27Aa	0.74± 0.71Aa
	全阶段	10.01 **Aa**	35.21 **Ab**	3.46 **Aab**	11.34 **Bc**	11.12 **Bb**	1.00 **Ba**	11.78 **Cc**	10.80 **Ca**	1.06 **Bb**

注：未加粗大写字母表示在同一深度同一阶段，不同侵蚀源区化学计量特征之间的差异达到显著性水平（$P<0.05$）；未加粗小写字母表示同一深度同一侵蚀源区，不同阶段化学计量特征差异达到显著性水平（$P<0.05$）；加粗大写字母表示全阶段下，在同一侵蚀源区，不同深度化学计量特征之间的差异达到显著性水平（$P<0.05$）；加粗小写字母表示同一深度，不同侵蚀源区化学计量特征差异达到显著性水平（$P<0.05$）。

整体来看，各侵蚀源区的 C/N 值随着土层深度的增加也增大，而 C/P 则随着土层深度的增加逐渐降低（$P<0.05$）。在地表以下 0~20 cm 土层深度下各侵蚀源区 N/P 值均达到最大。0~20 cm 土层深度下，各侵蚀源区 C/N 未表现出显著性差异（$P>0.05$）。耕地的 C/P 值最低，林地的 N/P 值最高。在地表以下 20~40 cm 土层深度下，灌木 C/N 值最低，耕地次之。林地和耕地的 N/P 值显著低于草地和灌木。随着土层深度的增加，林地的 C/N 值最高，N/P 值灌木最大，而 C/P 各侵蚀源区均无显著性差异（$P>0.05$）。

3.3 不同侵蚀源区土壤酶活性特征

3.3.1 碳循环相关酶系

不同侵蚀源区碳循环相关酶活性随时间的变化规律如图 3-7 所示。整体来看，在地表以下 0~60 cm 深度，随着培养时间的增加，不同侵蚀源区中的 3 种碳循环相关酶活性均呈现先增加后降低的规律，且地表以下 0~20 cm 土层的碳循环相关酶活性均高于 20~60 cm 土层，各侵蚀源区下以 β- 葡萄糖苷酶为主，其次为 β- 木糖苷酶，最后为纤维素酶，但不同碳循环相关酶对培养时间以及不同土层深度的响应各有差异。

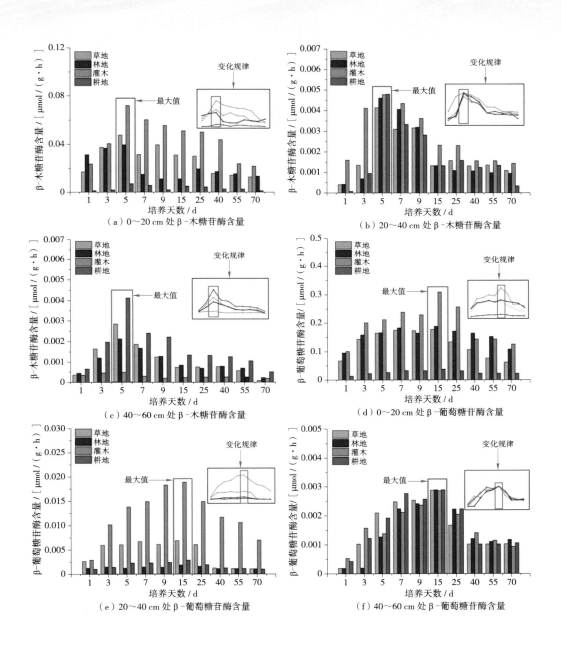

（a）0～20 cm 处 β-木糖苷酶含量

（b）20～40 cm 处 β-木糖苷酶含量

（c）40～60 cm 处 β-木糖苷酶含量

（d）0～20 cm 处 β-葡萄糖苷酶含量

（e）20～40 cm 处 β-葡萄糖苷酶含量

（f）40～60 cm 处 β-葡萄糖苷酶含量

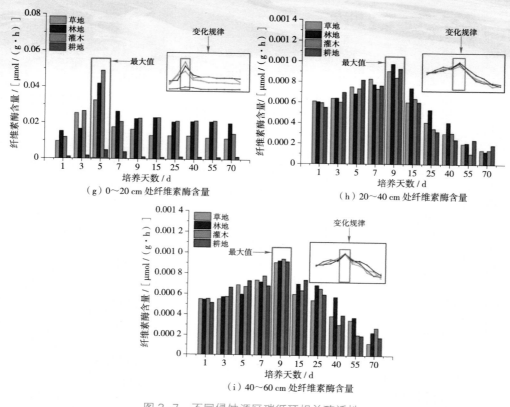

图 3-7　不同侵蚀源区碳循环相关酶活性

在地表以下 0~60 cm 土层，草地、林地、灌木以及耕地 β-木糖苷酶活性均在培养的第 5 天达到最大值。其中，0~20 cm 土层中灌木 β-木糖苷酶活性最高，达到 0.072 mol/（g·h），耕地虽达到了最高，但活性仅为 0.007 mol/（g·h）。在地表以下 20~40 cm 土层时，草地的 β-木糖苷酶活性最低为 0.004 1 mol/（g·h），耕地的 β-木糖苷酶活性增加幅度最大，林地次之，灌木最低。土层深度达到 40~60 cm 时，耕地的 β-木糖苷酶活性达到最大为 0.004 1 mol/（g·h），灌木最低为 0.000 49 mol/（g·h）。β-葡萄糖苷酶对时间的响应与 β-木糖苷酶截然不同，0~60 cm 土层，草地、林地、灌木以及耕地 β-葡萄糖苷酶活性均在培养的第 15 天达到最大值。0~20 cm 土层，灌木的 β-葡萄糖苷酶活性达到最大值为 0.31 mol/（g·h），耕地最低为 0.03 mol/（g·h），且整体增加和降低幅度较为平缓。20~40 cm 深度下，灌木的 β-葡萄糖苷酶活性最高，林地最低。灌木对 β-葡萄糖苷酶响应程度最高。当土层深度下降为 40~60 cm 时，各侵蚀源区 β-葡萄糖苷酶活性差异不显著，β-葡萄糖苷酶活性缓慢达到最大值，之后急剧下降并趋于稳定状态。纤维素酶在 0～20 cm 土层深度时在第 5 天达到最大值，其含量排序为灌木＞林地＞草地＞耕地。且纤维素酶活性达到最大值后随着培养时间的增加快速下降并趋于稳定。20～40 cm 深度下，纤维素酶活性逐步上升在第 9 天达到最大值之后快速下降，林地培养第 9 天纤维素酶活性达到最大，灌木最低。当土层深度下降为 40～60 cm 时，各侵蚀源区 β- 葡萄糖苷酶活性差异不显著。

综上所述，在地表以下 0～20 cm 土层中，灌木对碳循环相关酶活性的响应最高，耕地最低。在地表以下 20～40 cm 土层中，灌木对 β- 葡萄糖苷酶响应最为强烈，草地次之，各侵蚀源区对其余 2 种碳循环相关酶响应程度相差不大。在地表以下 40～60 cm 土层中，耕地对 β- 木糖苷酶响应最为强烈，各侵蚀源区对其余 2 种碳循环相关酶响应程度相差不大。

3.3.2　氮循环相关酶系

不同侵蚀源区氮循环相关酶活性随培养时间的变化规律如图 3-8 所示。由图 3-8 可知，在地表以下 0～60 cm 土层深度时，随着培养时间的增加不同侵蚀源区中的 2 种氮循环相关酶活性呈现出先增加后降低的变化规律。β-N- 乙酰氨基葡萄糖苷酶随着土层深度的增加逐渐降低，而亮氨酸酶则是在土层深度达到 40 cm 之后酶活性逐渐降低。各侵蚀源区下土壤氮循环相关酶以亮氨酸酶为主。

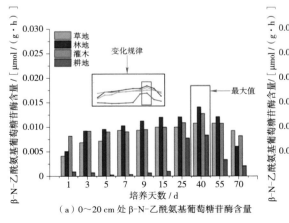

（a）0～20 cm 处 β-N- 乙酰氨基葡萄糖苷酶含量

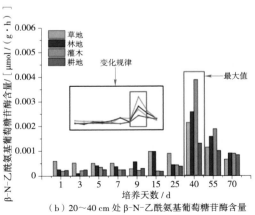

（b）20～40 cm 处 β-N- 乙酰氨基葡萄糖苷酶含量

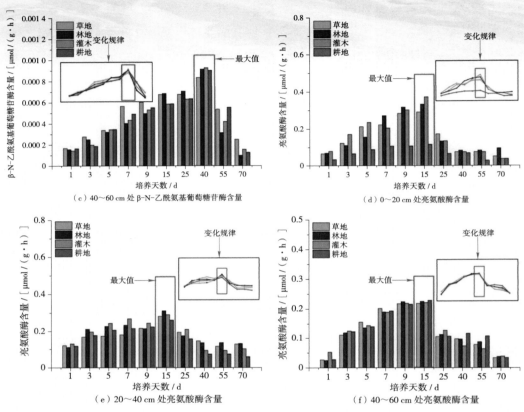

图 3-8　不同侵蚀源区氮循环相关酶活性

　　就 β-N- 乙酰氨基葡萄糖苷酶而言，各侵蚀源区 0～60 cm 土层土壤在整个培养周期内均在第 40 天达到最大值，但各侵蚀源区不同深度对 β-N- 乙酰氨基葡萄糖苷酶活性的响应有所不同。0～20 cm 土层，林地 β-N- 乙酰氨基葡萄糖苷酶活性最大值高于其他几种侵蚀源区，但耕地的 β-N- 乙酰氨基葡萄糖苷酶活性增幅最为剧烈。当土层深度下降为 20～40 cm 时，β-N- 乙酰氨基葡萄糖苷酶活性增幅较为缓慢，当培养试验达到第 40 天时，β-N- 乙酰氨基葡萄糖苷酶活性激增达到最大值（其中，灌木酶活性最大，耕地最低），之后缓慢降低。40～60 cm 土层 β-N- 乙酰氨基葡萄糖苷酶活性随着培养时间逐渐升高，达到最大值后，快速降低，其中林地降低的幅度最为剧烈。亮氨酸酶活性较 β-N- 乙酰氨基葡萄糖苷酶对时间的响应更为敏感，不同侵蚀源区 0～60 cm 土层土壤亮氨酸酶活性在培养的第 15 天均达到最大值，其中 0～20 cm 土层灌木达到最大值，20～40 cm 土层林地达到最大值，40～60 cm 土层草地最低。综上所述，草地、林地和灌木氮循环相关酶活性均要高于耕地，林地和草地对氮循环相关酶的响应程度更高。

3.3.3　磷循环相关酶系

不同侵蚀源区磷循环相关酶活性随培养时间的变化规律如图 3-9 所示。磷酸酶在 0～20 cm 土层深度时，各侵蚀源区在不同培养时间下活性相差不大，在培养的第 1 天磷酸酶活性最低，之后升高达到稳定状态（3～40 d），最后逐渐降低直至培养结束。在 20～40 cm 土层深度时，磷酸酶活性随着培养时间的增加基本处于平稳的状态，直至培养的第 40 天，磷酸酶活性逐渐下降。随着土层深度的降低，磷酸酶直至培养的第 55 天才开始下降。不同侵蚀源区对磷酸酶的响应差异不大，基本处于同增同减的变化规律。

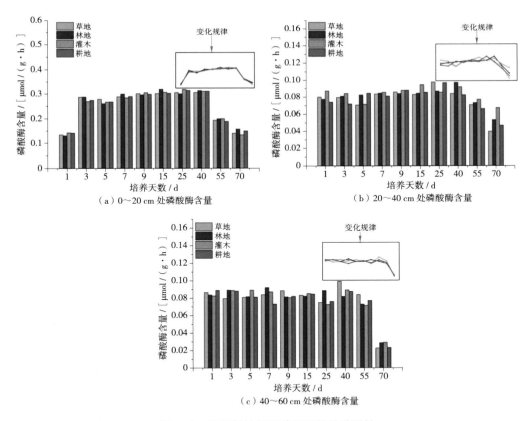

图 3-9　不同侵蚀源区磷循环相关酶活性

3.3.4 酶计量学特征

不同侵蚀源区酶计量学特征随培养时间的变化规律如图 3-10 所示。由图 3-10（a）可知，（BG+EC+EG）∶（LAP+NAG）整体在 0.75～3.37 变化。在地表以下 0～20 cm 土层中（BG+EC+EG）∶（LAP+NAG）的值最低（$P<0.05$），其中灌木最低，耕地最高；随着土层深度的增加，地表以下 20～40 cm 土层的（BG+EC+EG）∶（LAP+NAG）值有所增加，此时林地达到最高；在地表以下 40～60 cm 土层中，除灌木最低外，其余各侵蚀源区的（BG+EC+EG）∶（LAP+NAG）值基本处于相同水平。在地表以下 0～20 cm 土层中，耕地的（BG+EC+EG）∶AP 值最高，随着土层深度的增加，草

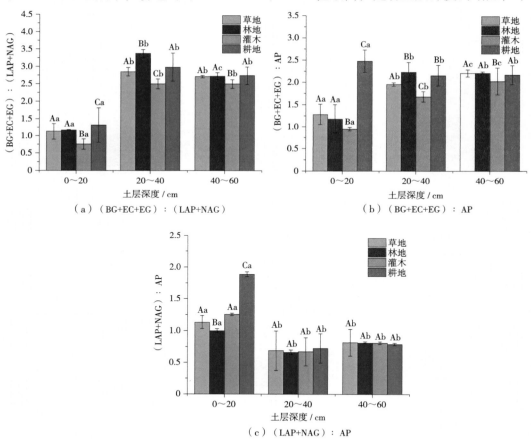

图 3-10 不同侵蚀源区土壤酶计量比变化

注：图中大写字母表示同一干湿交替次数下，不同处理下酶计量比差异达到显著性水平（$P<0.05$）；
小写字母表示在同一种处理，不同干湿交替次数下酶计量比差异达到显著性水平（$P<0.05$）。

地、林地、灌木（BG+EC+EG）：AP 值均显著增加，而耕地（BG+EC+EG）：AP 则逐渐减小（$P<0.05$）；40～60 cm 土层，除灌木最低外，其余各侵蚀源区的（BG+EC+EG）：AP 值基本处于相同水平。在地表以下 0～20 cm 土层深度中各侵蚀源区（LAP+NAG）：AP 均达到最大值，其中耕地最高，林地最低。随着土层深度的增加，地表以下 20～60 cm 土层深度中各侵蚀源区的（LAP+NAG）：AP 均处于相同水平，未表现出显著差异性（$P>0.05$）。

　　不同侵蚀源区土壤酶化学计量的向量特征随土层深度的变化情况如图 3-11 所示。随着土层深度的增加，土壤酶化学计量的向量长度基本呈现降低的变化规律，且林地、草地和灌木始终高于耕地。这表明林地、草地和灌木始终受到碳限制，但是碳限制随着土层深度的增加而逐渐减弱［图 3-13（a）］。从图 3-12（b）中可以看出，各侵蚀源区的土壤酶化学计量向量角度均低于 45°，表明各侵蚀源区微生物始终受到磷的限制作用，且随着深度的增加，土壤酶化学计量向量角度逐渐降低，微生物受磷的限制作用也逐渐降低。

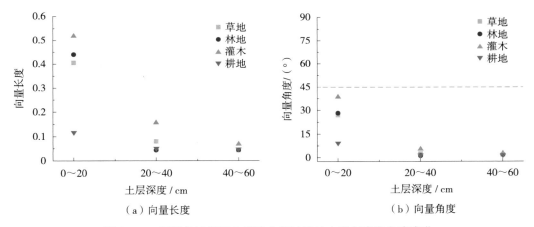

（a）向量长度　　　　　　　　　　　（b）向量角度

图 3-11　不同侵蚀源区土壤酶化学计量的向量长度和角度变化

3.4　不同侵蚀源区土壤微生物群落特征

3.4.1　板孔平均颜色变化率

　　微生物群落对碳源利用率高低主要用平均颜色变化率（AWCD）来表示，同时 AWCD 也是衡量土壤微生物种群对单一碳源利用能力的重要指标，在表征土壤微生物的活性和微生物群落生理功能多样性等方面具有重要意义。AWCD 值越大说明微生物的密度越大，活性越高；反之亦然。

　　不同侵蚀源区土壤微生物群落平均颜色变化率随培养时间的变化规律如图 3-12 所示。在总培养时间 1 d 后灌木在 0～20 cm 土层土壤微生物群落活性最高，而耕地的土壤微生物活性均高于林地和草地。林地在 20～40 cm 土层土壤微生物活性均低于其他侵蚀源区，灌木、草地和耕地 AWCD 值较为接近。当土层深度为 40～60 cm 时，在前 5 d 不同侵蚀源区 AWCD 值基本相同，在 5 d 之后，林地的 AWCD 值逐渐上升。在总培养时间 5 d 后，0～60 cm 土层中耕地的土壤微生物活性与其他侵蚀源区相比均处于最低的水平，灌木的 AWCD 值基本处于最大。在总培养时间 9 d 后，灌木在 0～20 cm 土层土壤微生物群落活性最高，耕地在 0～20 cm 土层土壤微生物群落活性最低。在 20～40 cm 土层深度下，各侵蚀源区 AWCD 值差异性不大，土壤微生物群落活性基本处于相同的水平。当深度为 40～60 cm 时，耕地 AWCD 值较其他 3 种侵蚀源区最低，耕地微生物活性最低。在总培养时间 25 d 后，耕地的土壤微生物活性与其他侵蚀源区相比仍处于较低的水平，灌木在 0～20 cm 和 40～60 cm 土层 AWCD 显著高于其他侵

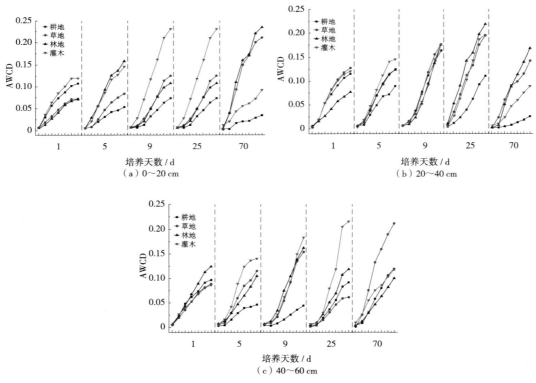

图 3-12　不同侵蚀源区 AWCD 值

蚀源区。在总培养时间 70 d 后，林地和草地土壤微生物活性与之前的培养天数相比显著提高，而灌木则逐步降低，耕地的 AWCD 值基本处于最低的状态。

整体来看，不同侵蚀源区土壤在培养过程中，不同培养天数下土壤微生物 AWCD 值逐渐上升，表明土壤微生物群落活性提高对总碳源的利用呈逐渐增加趋势。耕地在 4 种侵蚀源区中对土壤碳源的利用率基本处于最低的状态，而灌木土壤中的微生物密度基本处于较高的水平。

3.4.2　不同类型碳源的利用强度

以微生物群落对营养物质的代谢途径不同为基本划分原则，将 Biolog-ECO 微平板的 31 种碳源底物分为六大类：羧酸类 9 种，碳水化合物 8 种，氨基酸 6 种，聚合物 4 种，胺类 2 种，酚类 2 种。各侵蚀源区不同土层随着培养时间的增加，对各碳源的利用程度均呈现出增加的趋势，且对氨基酸类的利用程度要高于其他碳源类型（图 3-13）。0～20 cm 和 20～40 cm 土层对碳源的利用程度均要高于 40～60 cm 土层。耕地对各碳源的利用程度在 0～60 cm 土层中均要低于其他侵蚀源区。在 0～20 cm 土层中，草地对糖类碳源利用程度的 AWCD 值最高，灌木对氨基酸类、酯类、醇类、胺类和酸类碳源的利用程度最高。20～40 cm 土层深度下，林地对糖类碳源的利用程度最高，草地对氨基酸类、酯类和胺类碳源的利用程度最高，灌木对酸类碳源的利用程度最高。当土层深度到达 40～60 cm 时，灌木对糖类、氨基酸类和酯类碳源的利用程度最高，林地和灌木对醇类、胺类碳源的利用程度的 AWCD 值最高，草地和灌木对酸类碳源的利用程度最高。微生物群落对 6 类碳源利用强度的不同，反映出不同侵蚀源区土壤微生物在数量和群落结构上的差异。

3.4.3　土壤微生物群落多样性指数

微生物多样性指数表示在颜色变化率一致的情况下，整个生态系统土壤微生物群落利用碳源类型的多与少，即功能多样性。某生态系统微生物多样性指数值越大，表明该系统的土壤微生物群落功能多样性越高，反之，则多样性越低。微生物均匀度指数是通过微生物多样性指数计算出来的均匀度，包含两个因素：①种类数目。即丰富度。②种类中个体分布的均匀性。种类数目越多，多样性越大。同样，种类之间个体分配的均匀性增加也会使多样性提高。根据每个培养阶段的土壤培养的第 7 天的 AWCD 值计算土壤微生物的均匀度、丰富度以及优势度。

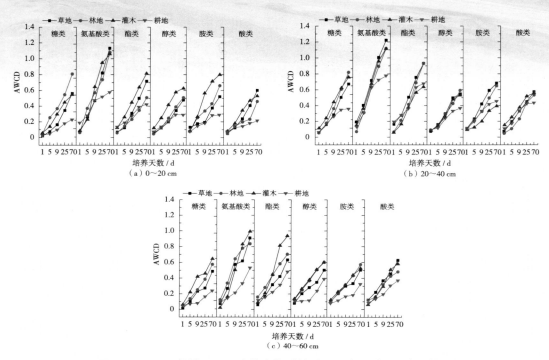

图 3-13　不同侵蚀源区土壤微生物群落对不同碳源利用的变化特征

　　不同侵蚀源区土壤微生物群落均匀度随培养时间的变化结果见表3-4。草地、林地和灌木随着培养时间的增加，土壤微生物群落均匀度逐渐升高，耕地随着培养时间的增加，土壤微生物群落均匀度则逐渐降低。在培养 1 d 后，耕地土壤微生物群落均匀度显著高于其他侵蚀源区，林地土壤微生物群落均匀度最低（$P<0.05$）。培养 3 d 后，草地和耕地的土壤微生物群落均匀度处于相同的水平，而林地的土壤微生物均匀度增加至最高（$P<0.05$）。随着培养时间的增加（9～25 d），草地、林地和灌木的土壤微生物群落均匀度水平处于相同的程度，且均高于耕地（$P<0.05$）。当整个培养期结束（70 d），灌木的土壤微生物群落均匀度达到最高，耕地的土壤微生物群落均匀度最低。从培养开始直至培养结束，土壤微生物群落均匀度增加速率为灌木（129%）＞林地（117%）＞草地（100%），耕地的降低速率为194%。从土壤深度的角度来看，各侵蚀源区土壤微生物群落均匀度的基本特征为 0～20 cm 和 20～40 cm 土层要高于 40～60 cm，而 0～20 cm 和 20～40 cm 土层土壤的均匀度则无明显统一的特征。

表 3–4 不同侵蚀源区土壤微生物群落均匀度

侵蚀源区	土壤深度	1 d	5 d	9 d	25 d	70 d
草地	0～20 cm	0.62	0.73	0.96	1.31	1.39
	20～40 cm	0.89	0.89	1.32	1.37	1.45
	40～60 cm	0.62	0.72	0.89	1.13	1.43
	总计	0.71a	0.78a	1.05a	1.27a	1.42a
林地	0～20 cm	0.55	1.23	1.38	1.48	1.57
	20～40 cm	0.59	0.89	1.27	1.43	1.35
	40～60 cm	0.77	0.91	0.94	0.95	1.21
	总计	0.63b	1.01b	1.19a	1.28a	1.37a
灌木	0～20 cm	0.86	1.15	1.32	1.53	1.81
	20～40 cm	0.53	0.76	0.87	1.23	1.31
	40～60 cm	0.67	0.93	0.96	1.33	1.56
	总计	0.68a	0.94b	1.05a	1.36a	1.56b
耕地	0～20 cm	0.82	0.78	0.75	0.58	0.36
	20～40 cm	1.24	0.91	0.89	0.73	0.32
	40～60 cm	0.96	0.79	0.74	0.46	0.36
	总计	1.00c	0.82a	0.79b	0.59b	0.34c

注：表中小写字母表示在同一培养时间下，不同侵蚀源区均匀度差异达到显著性水平（$P<0.05$）。

表 3-5 为不同侵蚀源区土壤微生物群落丰富度随培养时间的变化情况统计表。从表 3-5 中可以看出，不同侵蚀源区土壤微生物群落丰富度整体变化规律与均匀度基本相似。随着培养时间的增加，草地、林地和灌木的土壤微生物群落丰富度逐渐升高，而耕地的土壤微生物群落丰富度则逐渐降低。在培养 1 d 后，耕地与灌木的土壤微生物群落丰富度显著高于草地和林地（$P<0.05$），随着培养时间的增加，草地、林地和灌木的土壤微生物群落丰富度较均匀度，更早地达到相同的水平，直至培养结束；草地、林地和灌木土壤微生物群落的丰富度未表现出显著性差异（$P>0.05$），但均显著高于耕地土壤微生物群落的丰富度（$P<0.05$）。从培养开始直至培养结束，土壤微生物群落丰富度增加速率依次为林地（7.44%）＞草地（4.82%）＞灌木（3.04%），耕地的土壤微生物群落丰富度降低速率为 21.33%。从土壤深度的角度来看，在不同培养时间下，各侵蚀

源区不同土层之间的土壤微生物群落丰富度水平各有千秋，如培养 1 d 后，草地和耕地 20～40 cm 土层土壤微生物群落丰富度最高，而林地和灌木土壤微生物群落丰富度则表现为随着深度的增加逐渐降低。在培养 70 d 后，各侵蚀源区土壤微生物群落丰富度则表现为随着深度的增加而逐渐降低。

表 3-5　不同侵蚀源区土壤微生物群落丰富度

侵蚀源区	土壤深度	1 d	5 d	9 d	25 d	70 d
草地	0～20 cm	2.81	2.87	2.92	3.06	3.12
	20～40 cm	3.01	3.05	2.97	3.07	3.11
	40～60 cm	2.89	2.94	3.02	2.89	3.00
	总计	2.90a	2.95a	2.97a	3.01a	3.04a
林地	0～20 cm	2.96	2.93	2.91	2.92	3.06
	20～40 cm	2.95	3.04	3.03	3.19	3.03
	40～60 cm	2.57	2.95	2.97	2.99	3.01
	总计	2.82a	2.97a	2.97a	3.03a	3.03a
灌木	0～20 cm	3.04	3.05	3.09	3.11	3.15
	20～40 cm	2.89	2.89	3.07	3.09	3.01
	40～60 cm	2.95	2.96	2.99	2.93	3.00
	总计	2.96b	2.97a	3.05a	3.04a	3.05a
耕地	0～20 cm	2.97	2.67	2.51	2.72	2.45
	20～40 cm	3.06	2.82	2.83	2.84	2.26
	40～60 cm	2.97	2.87	2.81	2.56	2.38
	总计	3.00b	2.78b	2.71b	2.71b	2.36b

注：表中小写字母表示在同一培养时间下，不同侵蚀源区丰富度差异达到显著性水平（$P < 0.05$）。

表 3-6 为不同侵蚀源区土壤微生物群落优势度随培养时间的变化情况统计表。从表 3-6 中可以看出，土壤微生物群落优势度在不同侵蚀源区表现出与均匀度和丰富度呈相反变化的规律。随着培养时间的增加，草地、林地和灌木土壤微生物群落优势度逐渐降低，而耕地土壤微生物群落优势度则逐渐升高。在整个培养周期内，草地土壤微生物群落优势度始终处于最低的状态（$P < 0.05$），林地和灌木土壤微生物群落优势度最高（$P < 0.05$），且两者的土壤微生物群落水平基本相同（$P > 0.05$）。在培养 9 d 之前，耕地土壤微生物群落优势度始终低于其他 3 种侵蚀源区，在培养 9 d 之后，耕

地土壤微生物群落优势度高于其他 3 种侵蚀源区（$P < 0.05$）。从培养开始直至培养结束，各侵蚀源区土壤微生物群落优势度优势度降低速率依次为草地（366%）＞林地（314%）＞灌木（281%），耕地的土壤微生物群落优势度增加速率为 71%。

表 3-6　不同侵蚀源区土壤微生物群落优势度

侵蚀源区	土壤深度	1 d	5 d	9 d	25 d	70 d
草地	0~20 cm	0.61	0.46	0.07	0.06	0.05
	20~40 cm	0.19	0.19	0.17	0.15	0.12
	40~60 cm	0.48	0.21	0.17	0.14	0.11
	总计	0.42a	0.28a	0.13a	0.11a	0.09a
林地	0~20 cm	0.68	0.52	0.42	0.26	0.11
	20~40 cm	0.64	0.51	0.21	0.21	0.13
	40~60 cm	0.44	0.41	0.18	0.16	0.18
	总计	0.58b	0.48b	0.27b	0.21b	0.14b
灌木	0~20 cm	0.63	0.55	0.34	0.26	0.25
	20~40 cm	0.42	0.32	0.21	0.21	0.13
	40~60 cm	0.79	0.55	0.44	0.11	0.10
	总计	0.61b	0.47b	0.33b	0.18b	0.16b
耕地	0~20 cm	0.32	0.36	0.43	0.65	0.86
	20~40 cm	0.21	0.45	0.55	0.71	0.89
	40~60 cm	0.26	0.37	0.44	0.78	0.87
	总计	0.26c	0.39c	0.47c	0.71c	0.87c

注：表中小写字母表示在同一培养时间下，不同侵蚀源区优势度差异达到显著性水平（$P < 0.05$）。

3.4.4　土壤微生物群落主成分分析

对不同侵蚀源区土壤的 Biolog-ECO 微平板上的 31 种碳源底物利用情况进行主成分分析（图 3-14）。提取相应特征值大于 1 的前 m 个主成分，据此原则，对土壤碳源底物利用情况共提取 3 个主成分，累计贡献率达到 100%。其中，不同侵蚀源区 0~20 cm 土层第一主成分（PC-1）和第二主成分（PC-2）分别占贡献率的 66.6% 和 20.8%；20~40 cm 土层第一主成分（PC-1）和第二主成分（PC-2）分别占贡献率的 50.6% 和 28.8%；40~60 cm 土层第一主成分（PC-1）和第二主成分（PC-2）分别占贡献率的 44.2% 和 34.3%。

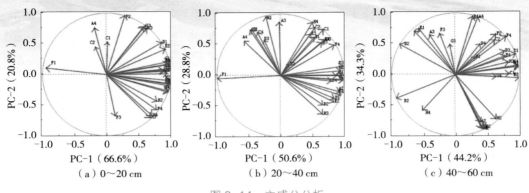

（a）0～20 cm   （b）20～40 cm   （c）40～60 cm

图 3-14   主成分分析

地表以下 0～20 cm 土层深度中的 31 种碳源的主成分载荷因子见表 3-7。从表 3-7 中可以看出，集中在 PC-1 上主要有 24 种碳源，决定了 PC-1 的变异，其中酸类碳源和糖类碳源各占 24%，在酸类碳源中，4- 羟基苯甲酸、a- 丁酮酸和 D- 半乳糖醛酸占主导位置；在糖类碳源中，β- 甲基 D- 葡萄糖苷、葡萄糖 -1- 磷酸盐和 D- 纤维二糖占主导位置。氨基酸类碳源占 20.8%，L- 天冬酰胺酸、L- 苯基丙氨酸、L- 丝氨酸和 L- 苏氨酸占主导地位。酯类和胺类碳源占 12%，在酯类碳源中，丙酮酸甲酯占主导位置；在胺类碳源中，N- 乙酰基 -D- 葡萄胺占主导地位。醇类碳源占 8%，D- 甘露醇、D,L-a- 甘油占主导地位。因此影响 PC-1 的主要为酸类碳源和糖类碳源。决定 PC-2 变异的主要碳源有 8 种，其中含有糖类 1 种（a- 环状糊精），氨基酸类 3 种（L- 精氨酸、L- 天冬酰胺酸、L- 苯基丙氨酸），酯类 2 种（吐温 40、D- 半乳糖酸 γ 内酯），酸类 2 种（D- 氨基葡萄糖酸、2- 羟苯甲酸）。

表 3-7   0～20 cm 31 种碳源的主成分载荷因子

序号	碳源类型	PC-1	PC-2	序号	碳源类型	PC-1	PC-2
B1	丙酮酸甲酯	0.952	-0.288	F2	D- 氨基葡萄糖酸	0.286	0.953
C1	吐温 40	0.016	0.518	C3	2- 羟苯甲酸	0.599	0.782
D1	吐温 80	0.857	0.514	D3	4- 羟基苯甲酸	0.976	0.159
B2	D- 木糖	0.785	-0.435	E3	r- 羟基丁酸	0.945	0.164
H1	a-D- 乳糖	0.878	0.063	F3	衣康酸	0.134	-0.671
A2	β- 甲基 D- 葡萄糖苷	0.977	-0.149	G3	a- 丁酮酸	0.976	-0.185
G2	葡萄糖 -1- 磷酸盐	0.964	-0.159	H3	D- 苹果酸	0.681	-0.706

序号	碳源类型	PC-1	PC-2	序号	碳源类型	PC-1	PC-2
E1	a-环状糊精	0.570	0.759	A4	L-精氨酸	-0.187	0.752
F1	肝糖	-0.942	0.110	B4	L-天冬酰胺酸	0.967	0.085
C2	I-赤藻糖醇	-0.172	0.437	C4	L-苯基丙氨酸	0.994	0.094
D2	D-甘露醇	0.984	0.170	D4	L-丝氨酸	0.963	-0.270
G4	苯乙基胺	0.895	0.051	E4	L-苏氨酸	0.986	-0.159
B3	D-半乳糖醛酸	0.943	0.010	F4	甘氨酰-L-谷氨酸	0.78	-0.576
G1	D-纤维二糖	0.978	0.209	H4	腐胺	0.71	-0.673
H2	D,L-a-甘油	0.976	-0.099	E2	N-乙酰基-D-葡萄胺	0.913	0.406
A3	D-半乳糖酸 γ 内酯	0.626	0.743	—	—	—	—

　　地表以下 20～40 cm 土层中的 31 种碳源的主成分载荷因子见表 3-8。从表 3-8 中可以看出，集中在 PC-1 上主要有 20 种碳源，它们决定了 PC-1 的变异。其中，酸类碳源占 25%，在酸类碳源中，D-氨基葡萄糖酸、4-羟基苯甲酸占主导地位。氨基酸类碳源占 20%，L-苏氨酸占主导地位。糖类、酯类和醇类各占 15%，糖类碳源中，β-甲基D-葡萄糖苷占主导地位；酯类碳源中的吐温 80 占主导地位；醇类碳源中，D,L-a-甘油占主导地位。胺类碳源占 10%，N-乙酰基-D-葡萄胺和苯乙基胺占主导地位。因此影响 PC-1 的主要为酸类和氨基酸类碳源。决定 PC-2 变异的主要碳源有 14 种，其中含有糖类 2 种（a-D-乳糖、a-环状糊精），氨基酸类 3 种（L-精氨酸、L-天冬酰胺酸、L-苯基丙氨酸），酯类 2 种（吐温 40、D-半乳糖酸 γ 内酯），醇类 1 种（I-赤藻糖醇），胺类 1 种（腐胺），酸类 5 种（D-半乳糖醛酸、2-羟苯甲酸、r-羟基丁酸、衣康酸、a-丁酮酸）。

表 3-8　20～40 cm 31 种碳源的主成分载荷因子

序号	碳源类型	PC-1	PC-2	序号	碳源类型	PC-1	PC-2
B1	丙酮酸甲酯	0.841	-0.376	F2	D-氨基葡萄糖酸	0.974	-0.082
C1	吐温 40	0.672	0.740	C3	2-羟苯甲酸	-0.471	0.731
D1	吐温 80	0.998	0.002	D3	4-羟基苯甲酸	0.981	0.148
B2	D-木糖	0.131	0.174	E3	r-羟基丁酸	0.467	0.669
H1	a-D-乳糖	-0.228	0.952	F3	衣康酸	0.649	0.530

序号	碳源类型	PC-1	PC-2	序号	碳源类型	PC-1	PC-2
A2	β-甲基 D-葡萄糖苷	0.926	-0.267	G3	a-丁酮酸	0.700	0.571
G2	葡萄糖-1-磷酸盐	0.986	-0.070	H3	D-苹果酸	0.660	-0.632
E1	a-环状糊精	0.524	0.615	A4	L-精氨酸	-0.569	0.554
F1	肝糖	-0.986	-0.049	B4	L-天冬酰胺酸	0.682	0.570
C2	I-赤藻糖醇	0.536	0.773	C4	L-苯基丙氨酸	-0.359	0.692
D2	D-甘露醇	0.661	-0.480	D4	L-丝氨酸	0.792	-0.092
G4	苯乙基胺	0.874	-0.006	E4	L-苏氨酸	0.939	-0.323
B3	D-半乳糖醛酸	-0.252	0.566	F4	甘氨酰-L-谷氨酸	0.841	0.489
G1	D-纤维二糖	-0.444	0.740	H4	腐胺	0.498	0.860
H2	D,L-a-甘油	0.934	0.071	E2	N-乙酰基-D-葡萄胺	0.837	-0.435
A3	D-半乳糖酸 γ 内酯	-0.019	0.860	—	—	—	—

地表以下 40～60 cm 土层中的 31 种碳源的主成分载荷因子见表 3-9。从表 3-9 中可以看出，集中在 PC-1 上主要有 14 种碳源，它们决定了 PC-1 的变异。其中酸类碳源占 28.5%，r-羟基丁酸占主导地位；氨基酸类碳源占 21.4%，L-苯基丙氨酸占主导地位；糖类、酯类和醇类各占 14.2%，在糖类碳源中 a-环状糊精和 D-纤维二糖占主导地位，在酯类碳源中吐温 80 占主导地位，在醇类碳源中 D,L-a-甘油占主导地位；胺类碳源占 7.1%，苯乙基胺占主导地位。因此影响 PC-1 的主要为酸类碳源和氨基酸类碳源。决定 PC-2 变异的主要碳源有 9 种，其中含有糖类 1 种（肝糖），氨基酸类 3 种（L-精氨酸、L-天冬酰胺酸、L-苯基丙氨酸），酯类 1 种（D-半乳糖酸 γ 内酯），醇类 1 种（I-赤藻糖醇），酸类 3 种（D-氨基葡萄糖酸、2-羟苯甲酸、衣康酸）。

表 3-9　40～60 cm 31 种碳源的主成分载荷因子

序号	碳源类型	PC-1	PC-2	序号	碳源类型	PC-1	PC-2
B1	丙酮酸甲酯	0.422	-0.878	F2	D-氨基葡萄糖酸	0.631	0.645
C1	吐温 40	0.840	0.006	C3	2-羟苯甲酸	-0.638	0.698
D1	吐温 80	0.943	0.330	D3	4-羟基苯甲酸	0.766	0.371
B2	D-木糖	-0.923	-0.382	E3	r-羟基丁酸	0.998	-0.058
H1	a-D-乳糖	0.307	0.272	F3	衣康酸	-0.244	0.661

序号	碳源类型	PC-1	PC-2	序号	碳源类型	PC-1	PC-2
A2	β-甲基 D-葡萄糖苷	0.385	-0.772	G3	a-丁酮酸	-0.088	0.482
G2	葡萄糖 -1-磷酸盐	0.437	-0.894	H3	D-苹果酸	0.827	0.196
E1	a-环状糊精	0.989	0.130	A4	L-精氨酸	0.354	0.927
F1	肝糖	-0.575	0.749	B4	L-天冬酰胺酸	0.271	0.937
C2	I-赤藻糖醇	0.613	0.551	C4	L-苯基丙氨酸	0.974	0.147
D2	D-甘露醇	-0.867	0.490	D4	L-丝氨酸	0.385	0.490
G4	苯乙基胺	0.633	-0.037	E4	L-苏氨酸	0.771	0.295
B3	D-半乳糖醛酸	0.407	-0.875	F4	甘氨酰 -L-谷氨酸	0.790	0.611
G1	D-纤维二糖	0.977	0.126	H4	腐胺	-0.516	-0.580
H2	D,L-a-甘油	0.634	-0.724	E2	N-乙酰基 -D-葡萄胺	0.463	-0.868
A3	D-半乳糖酸 γ 内酯	-0.400	0.639	—	—	—	—

综上所述，随着土层深度的增加，土壤微生物对碳源利用情况逐渐降低。土壤微生物酸类碳源利用程度均达到最大，其次为氨基酸类碳源，且对碳源利用的种类也存在较大的差异。

3.4.5　土壤微生物生理碳代谢指纹图谱

土壤微生物生理碳代谢指纹图谱主要表征微生物对微平板上不同碳源的利用情况。通过测定土壤微生物在培养条件下对 31 种单一碳源的利用情况（$AWCD_i$ 值），获得土壤微生物群落相应的代谢指纹图谱。

不同侵蚀源区地表以下 0~20 cm 土层中的碳代谢指纹图谱如图 3-15 所示。由图 3-15 可见，草地对 D1（吐温 80）、H1（a-D-乳糖）、B3（D-半乳糖醛酸）、G1（D-纤维二糖）、A3（D-半乳糖酸 γ 内酯）、F2（D-氨基葡萄糖酸）、E3（r-羟基丁酸）、B4（L-天冬酰胺酸）、C4（L-苯基丙氨酸）、E2（N-乙酰基 -D-葡萄胺）碳源的利用程度最高。林地对 G2（葡萄糖 -1-磷酸盐）、H2（D,L-a-甘油）、E3（r-羟基丁酸）、F3（衣康酸）、H3（D-苹果酸）、E4（L-苏氨酸）、F4（甘氨酰 -L-谷氨酸）、H4（腐胺）碳源的利用程度最高。灌木对 C2（I-赤藻糖醇）碳源的利用程度最高。耕地对 F1（肝糖）碳源的利用程度最高。

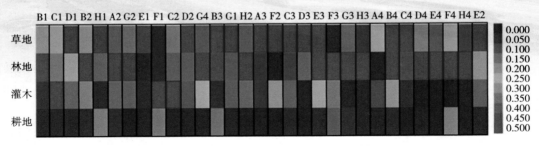

图 3-15　0～20 cm 碳代谢指纹图谱

不同侵蚀源区地表以下 20～40 cm 土层中的碳代谢指纹图谱如图 3-16 所示。由图 3-16 可见，草地对 C1（吐温 40）、E1（a- 环状糊精）、E3（r- 羟基丁酸）、G3（a-丁酮酸）、F4（甘氨酰 -L- 谷氨酸）、H4（腐胺）碳源的利用程度最高。林地对 B1（丙酮酸甲酯）、G4（苯乙基胺）、H2（D,L-a- 甘油）、H3（D- 苹果酸）、E4（L- 苏氨酸）、F2（D- 氨基葡萄糖酸）碳源的利用程度最高。灌木对 H1（a-D- 乳糖）、G1（D- 纤维二糖）、A3（D- 半乳糖酸 γ 内酯）、C3（2- 羟苯甲酸）、A4（L- 精氨酸）碳源的利用程度最高。耕地对 F1（肝糖）碳源的利用程度最高。

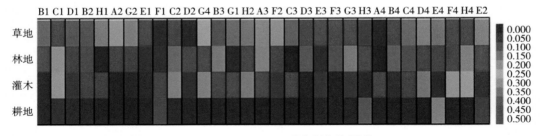

图 3-16　20～40 cm 碳代谢指纹图谱

不同侵蚀源区地表以下 40～60 cm 土层中的碳代谢指纹图谱如图 3-17 所示。由图 3-17 可见，草地对 D1（吐温 80）、G4（苯乙基胺）、H2（D,L-a- 甘油）、E3（r-羟基丁酸）、A4（L- 精氨酸）、E4（L- 苏氨酸）碳源的利用程度最高。林地对 B1（丙酮酸甲酯）、B2（D- 木糖）、A2（β- 甲基 D- 葡萄糖苷）、H4（腐胺）、E2（N- 乙酰基 -D- 葡萄胺）碳源的利用程度最高。灌木对 H1（a-D- 乳糖）、G3（a- 丁酮酸）、B4（L- 天冬酰胺酸）、H4（腐胺）碳源的利用程度最高。耕地对 D2（D- 甘露醇）、H2（D,L-a- 甘油）、C3（2- 羟苯甲酸）、A4（L- 精氨酸）、B4（L- 天冬酰胺酸）、D4（L-丝氨酸）碳源的利用程度最高。

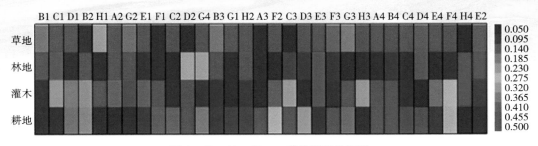

图 3-17　40～60 cm 碳代谢指纹图谱

　　整体来看，不同侵蚀源区中的土壤微生物对 31 种单一碳源的代谢能力变化规律如下：草地由地表以下 0～20 cm 土层的酸类碳源逐渐变为地表以下 40～60 cm 糖类碳源。林地由地表以下 0～20 cm 土层的酸类碳源逐渐变为地表以下 40～60 cm 糖类和胺类碳源。灌木由地表以下 0～20 cm 土层的醇类碳源逐渐变为地表以下 40～60 cm 糖类碳源。耕地由地表以下 0～20 cm 土层的糖类碳源逐渐变为地表以下 40～60 cm 氨基酸类和醇类碳源。不同侵蚀源区土壤微生物虽然主要利用的是氨基酸类、酸类及糖类碳源，但不同侵蚀源区土壤之间微生物利用的具体碳源种类相同点很少，显示出不同侵蚀源区对土壤微生物的碳源利用类型有显著影响，使土壤微生物利用各种碳源的强度出现了明显差异，体现出微生物群落碳源代谢的多样性。

3.5　不同侵蚀源区土壤细菌及真菌分布特征

3.5.1　细菌

3.5.1.1　土壤细菌稀释曲线

　　本书以 338F-806R 为引物，采用 MiSeq 高通量测序技术对不同侵蚀源区不同培养周期下的土壤细菌群落进行测序，共获得 2.15×10^6 个有效序列。细菌的 Coverage 指数为 0.97～0.98，细菌稀释曲线趋于稳定（图 3-18），说明测序深度足够覆盖大部分细菌。

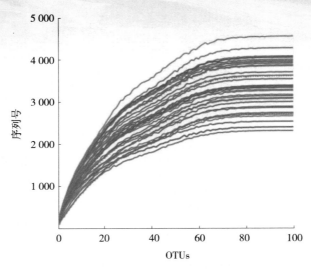

图 3-18　不同侵蚀源区土壤细菌稀释曲线分析

3.5.1.2　土壤细菌群落

高通量测序数据分析显示在门水平下，变形菌（*Proteobacteria*）、放线菌（*Actino-bacteria*）、蓝藻（*Cyanobacteria*）、酸杆菌（*Acidobacteria*）、拟杆菌（*Bacteroidetes*）和绿弯菌（*Chloroflexi*）是坡面侵蚀源区细菌群落所占丰度较高的细菌门，其平均相对丰度变化范围分别为34.96%~43.58%、14.30%~17.06%、6.07%~13.46%、8.53%~14.12%、3.35%~7.43%和4.73%~6.47%［图3-19（a）］。变形菌相对于其他菌类占细菌群落相对丰度最高，是土壤中最重要的细菌门。纲水平细菌群落主要由α-变形菌（*Alphaproteobacteria*）、γ-变形菌（*Gammaproteobacteria*）、放线菌（*Actinobacteria*）、亚硝基球菌（*Nitrososphaeria*）、拟杆菌（*Bacteroidetes*）和浮霉菌（*Planctomycetacia*）等组成。其相对丰度变化范围分别为23.68%~34.00%、25.53%~38.29%、10.63%~13.87%、3.77%~12.18%、5.48%~11.53%和3.90%~5.50%［图3-19（b）］。其中α-变形菌和γ-变形菌占整个细菌群落的50%以上，是土壤中最主要的细菌纲。

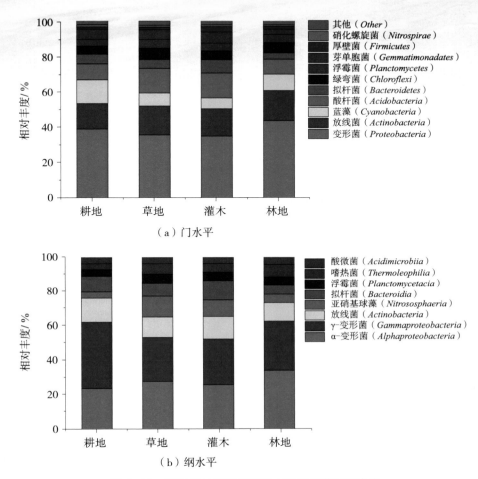

图 3-19　不同侵蚀源区门和纲水平下细菌相对丰度

　　进一步分析目与科水平下细菌群落组成发现（图 3-20），根瘤菌（*Rhizobiales*）、β- 变形菌（*Betaproteobacteriales*）、微球菌（*Micrococcales*）、鞘氨醇单胞菌（*Sphingo-monadales*）、噬几丁质菌（*Chitinophagales*）和芽单胞菌（*Gemmatimonadales*）是目水平中最主要的细菌类群。它们平均相对丰度分别为 19.69%、32.10%、10.05%、14.36%、8.27% 和 11.89%。对于科水平细菌群落而言，伯克氏菌（*Burkholderiaceae*）、鞘脂单胞菌（*Sphingomonadaceae*）、微球菌（*Micrococcaceae*）、噬几丁质菌（*Chitinophagaceae*）、芽单胞菌（*Gemmatimonadaceae*）和酸杆菌（*Blastocatellaceae*）是最主要的细菌类群。它们平均相对丰度分别为 21.44%、18.92%、12.14%、10.52%、15.20% 和 5.35%。

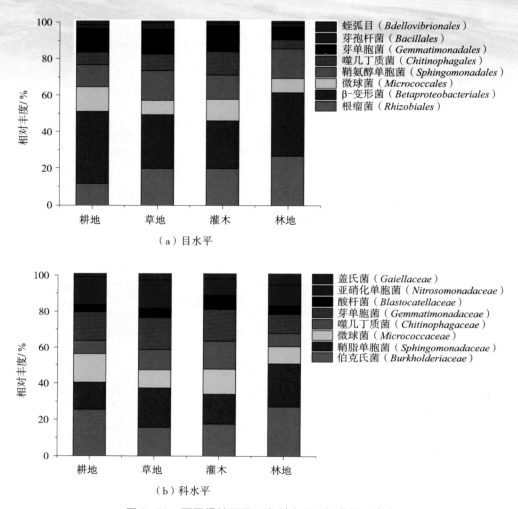

图 3-20　不同侵蚀源区目和科水平下细菌相对丰度

　　通过单因素方差分析对不同侵蚀源区地表以下 0～20 cm、20～40 cm 和 40～60 cm 土层的相对丰度排名的细菌门进行方差分析，采用 Tukey 方法进行显著性检验。由图 3-21 可知，在门水平下，地表以下 0～20 cm 土层排名前 10 位的细菌门未表现出显著差异，地表以下 20～40 cm 土层中的变形菌、酸杆菌和厚壁菌在不同侵蚀源区差异显著。地表以下 40～60 cm 中的土层拟杆菌和芽单胞菌在不同侵蚀源区差异显著。

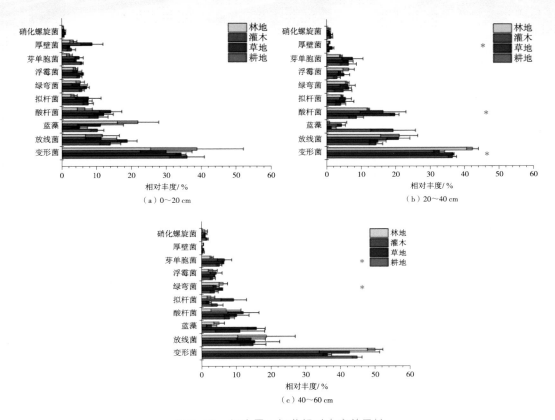

图 3-21　门水平下细菌相对丰度差异性

　　在纲水平下（图 3-22），α- 变形菌和拟杆菌在不同侵蚀源区间地表以下 0～20 cm 土层中的差异显著。γ- 变形菌、亚硝基球藻和嗜热菌在地表以下 20～40 cm 土层中的差异显著。当土层深度为 40～60 cm 时，仅嗜热菌表现出显著性差异。

　　在目水平下（图 3-23），在地表以下 0～20 cm 土层中，根瘤菌在不同侵蚀源区的差异显著。在地表以下 20～40 cm 土层，根瘤菌、β- 变形菌、噬几丁质菌和芽孢杆菌在不同侵蚀源区差异显著。在地表以下 40～60 cm 土层中时，仅芽单胞菌表现出显著性差异。

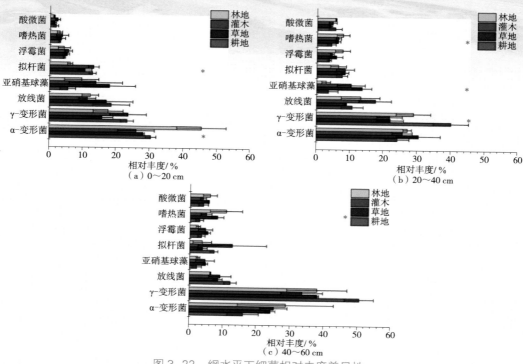

图 3-22　纲水平下细菌相对丰度差异性

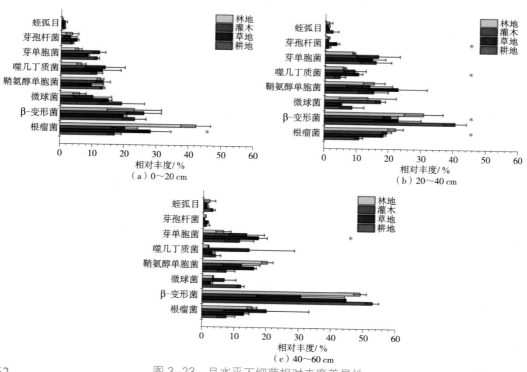

图 3-23　目水平下细菌相对丰度差异性

在科水平下（图 3-24），在地表以下 0～20 cm 土层中，排名前 8 位的细菌科未表现出显著差异。在地表以下 20～40 cm 土层中，噬几丁质菌、酸杆菌和亚硝化单胞菌在不同侵蚀源区差异显著。在地表以下 40～60 cm 土层中，仅芽单胞菌表现出显著性差异。

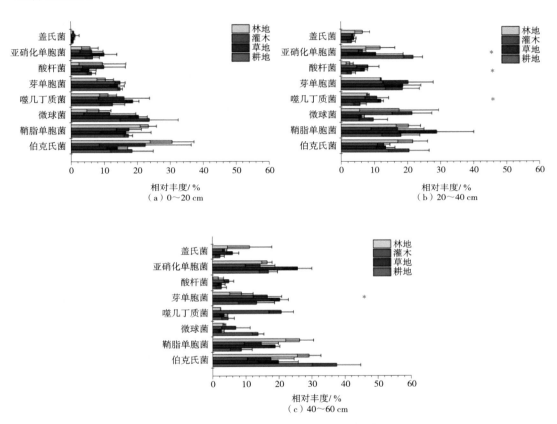

图 3-24　科水平下细菌相对丰度差异性

3.5.1.3　Alpha 多样性

基于 97% 相似水平，利用 Venn 图统计得到不同侵蚀源区地表以下 0～20 cm、20～40 cm 和 40～60 cm 土层深度下所共有和独有的 OTU 数目（图 3-25）。结果表明，0～20 cm 土层深度下，不同侵蚀源区共有的 OTU 数为 136 个，占细菌群落 OTU 总数的 37.7%。耕地、草地、灌木和林地独有的 OTU 数分别为 58 个、53 个、60 个和 53 个。20～40 cm 土层深度下，不同侵蚀源区共有的 OTU 数为 145 个，占细菌群落 OTU 总数的 34.5%。耕地、草地、灌木和林地独有的 OTU 数分别为 69 个、86 个、

64 个和 56 个。40～60 cm 土层深度下，不同侵蚀源区共有的 OTU 数为 131 个，占细菌群落 OTU 总数的 34.1%。耕地、草地、灌木和林地独有的 OTU 数分别为 68 个、44 个、84 个和 57 个。

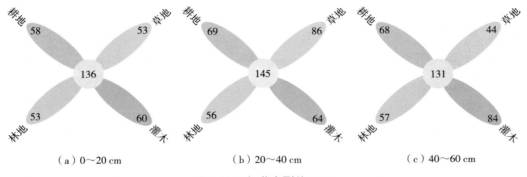

（a）0～20 cm   （b）20～40 cm   （c）40～60 cm

图 3-25　细菌序列的 Venn

不同侵蚀源区的 Alpha 多样性指数汇总于表 3-10。OTUs 范围为 54 361～70 452，CHAO 指数范围为 2 416～4 277，Simpson 指数范围为 0.008～0.034。CHAO 是丰度指数，Simpson 是多样性指数，指数越大表示丰度或多样性水平越高。在地表以下 0～20 cm 土层深度中，各侵蚀源区的土壤细菌群落丰度均处于相对较高的水平，其中草地的土壤细菌群落丰度最高，随着土层深度的增加，土壤细菌群落丰度逐渐降低，其中耕地的土壤细菌群落丰度水平最低。耕地和草地的 Simpson 指数随着土层深度的增加而逐渐升高，而灌木和林地则随着土层深度的增加而逐渐降低。这表明耕地和草地的表层土壤中特有的细菌群落占主导地位，而随着土层深度的增加，细菌群落多样性增加，而灌木和林地特有的细菌群落逐渐增加，进而导致细菌群落的 Simpson 指数逐渐降低。

表 3-10　不同侵蚀源区土壤细菌群落丰度和多样性指数

土壤深度 /cm	侵蚀源区	OTUs	CHAO	Simpson
0～20	耕地	63 326	3 974	0.008
	草地	57 809	4 277	0.009
	灌木	66 532	3 555	0.034
	林地	54 361	3 515	0.021

续表

土壤深度 /cm	侵蚀源区	OTUs	CHAO	Simpson
20～40	耕地	68 516	2 951	0.017
	草地	65 823	3 544	0.010
	灌木	66 274	3 548	0.021
	林地	69 675	3 373	0.019
40～60	耕地	69 525	2 416	0.031
	草地	66 006	3 215	0.018
	灌木	70 452	3 262	0.016
	林地	66 893	2 901	0.017

3.5.1.4　土壤细菌群落进化分析

本书通过对科水平细菌类群构建系统进化树发现，所有 Cbbl 可分为两大进化枝（图 3-26）。超过 80% 的 Cbbl 序列属于兼性厌氧菌进化枝，其余的 Cbbl 序列属于专性需氧菌进化枝，因此兼性厌氧菌是总细菌群落的优势菌群。亚硝基球菌（*Nitrososphaerales*）和 β- 变形杆菌（*Betapoteobacteriales*）分别是群落中相对丰度最高的兼性厌氧菌与专性需氧菌。

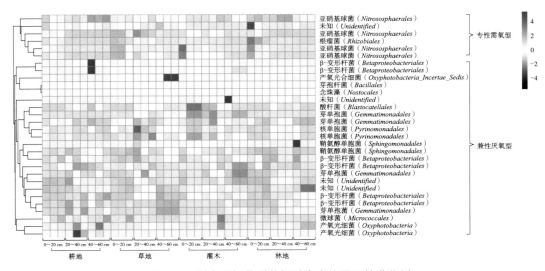

图 3-26　科水平细菌群落相对丰度热图及其进化树

3.5.2 真菌

3.5.2.1 土壤真菌稀释曲线

采用 MiSeq 高通量测序技术对不同侵蚀源区 0～60 cm 土层的土壤真菌群落进行测序，共获得 1.92×10^6 个经过质量筛选和优化的 18S rRNA 基因序列。所有土壤样品的真菌群落的稀释曲线表明随抽取序列数增加，各样本获得的 OTU 数量基本趋于稳定（图 3-27）。这表明测序数据能够代表每个土壤样本的实际情况，测序数量合理，测序深度足够覆盖大部分真菌。

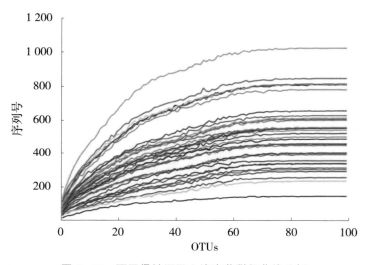

图 3-27 不同侵蚀源区土壤真菌稀释曲线分析

3.5.2.2 土壤真菌群落

高通量测序数据分析显示，在门水平下，子囊菌（Ascomycota）、被孢霉（Mortierellomycota）、鞭毛虫（Choanoflagellata）和担子菌（Basidiomycota）是坡面侵蚀源区真菌群落丰度较高的真菌门，其平均相对丰度变化范围分别为 24.59%～52.03%、16.81%～67.42%、0.50%～8.93% 和 1.01%～8.29%［图 3-28（a）］。其中，子囊菌和被孢霉相对于其他菌类占真菌群落丰度最高，是土壤中最重要的真菌门。纲水平真菌群落主要由粪壳菌（Sordariomycetes）、被孢霉（Mortierellomycetes）、座囊菌（Dothideomycetes）、散囊菌（Eurotiomycetes）和伞菌（Agaricomycetes）组成。其相对丰度变化分别为 23.67%～54.74%、23.53%～59.18%、1.99%～12.29%、1.87%～6.27%

和 4.39%～17.72%［图 3-28（b）］。其中，粪壳菌和被孢霉占整个细菌群落的比重较大，是土壤中最主要的真菌纲。

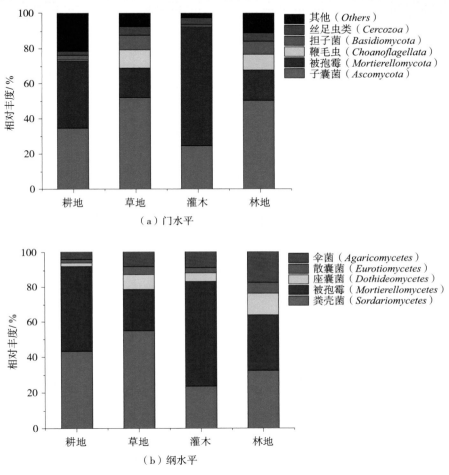

图 3-28　门和纲水平下真菌相对丰度

进一步分析目与科水平下真菌群落组成（图 3-29）发现，被孢霉（*Mortierellales*）、肉座菌（*Hypocreales*）、刺盾炱（*Chaetothyriales*）和小囊菌（*Microascales*）是最主要目水平的真菌类群。它们的平均相对丰度分别为 57.85%、20.40%、8.49% 和 12.54%。对于科水平真菌群落而言，肉座菌（*Hypocreales*）、海参（*Herpotrichiellaceae*）、丛赤（*Nectriaceae*）和海壳菌（*Halosphaeriaceae*）是最主要科水平的真菌类群。它们的平均相对丰度分别为 67.86%、10.93%、8.42% 和 6.86%。

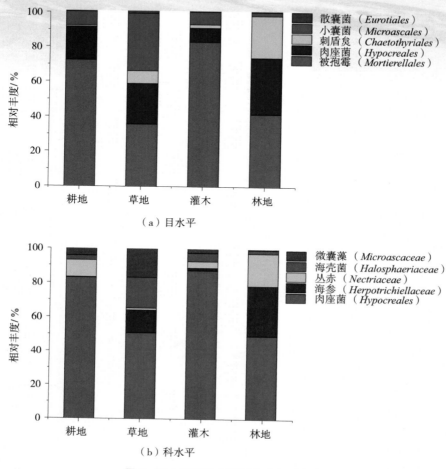

图 3-29 目和科水平下真菌相对丰度

通过单因素方差分析对不同侵蚀源区地表以下 0~20 cm、20~40 cm 和 40~60 cm 土层的相对丰度排名的真菌门进行方差分析，采用 Tukey 方法进行显著性检验。由图 3-30 可知，在门水平下，地表以下 0~20 cm 土层排名前 5 位的真菌门中被孢霉和鞭毛虫表现出显著差异性。地表以下 20~40 cm 土层中的被孢霉、鞭毛虫和丝足虫类在不同侵蚀源区差异显著。地表以下 40~60 cm 土层中的子囊菌和被孢霉在不同侵蚀源区差异显著。

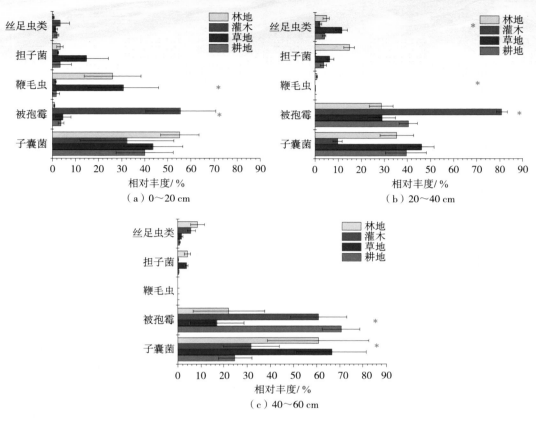

图 3-30　门水平下真菌相对丰度差异性

　　在纲水平下（图 3-31），粪壳菌、被孢霉和座囊菌在不同侵蚀源区地表以下 0～20 cm 土层中的差异显著。在地表以下 20～40 cm 土层中，除座囊菌外，其余 4 种真菌群落均表现出显著差异性。在地表以下 40～60 cm 土层中，仅被孢霉表现出显著性差异。

　　在目水平下（图 3-32），除肉座菌外，其余 4 种真菌群落在不同侵蚀源区地表以下 0～20 cm 土层中的差异显著。在地表以下 20～40 cm 土层中，目水平下 5 种真菌群落均表现出显著差异性。在地表以下 40～60 cm 土层中，被孢霉和小囊菌表现出显著性差异。

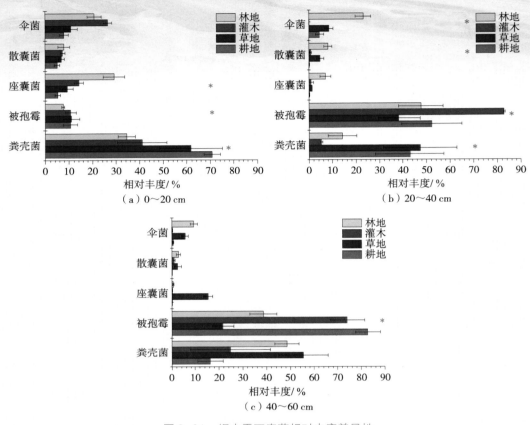

图 3-31　纲水平下真菌相对丰度差异性

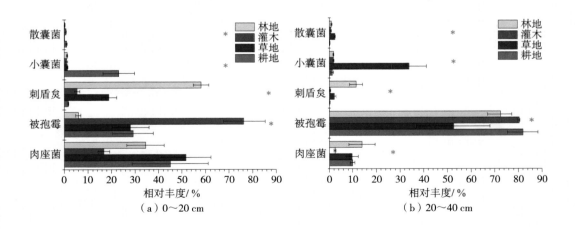

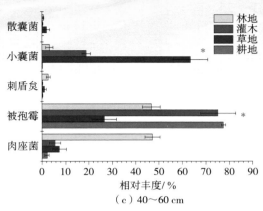

图 3-32　目水平下真菌相对丰度差异性

在科水平下（图 3-33），在地表以下 0～20 cm 土层中被孢霉、海参和微囊藻表现出显著性差异。在地表以下 20～40 cm 土层中的被孢霉、海参和盐球藻在不同侵蚀源区差异显著。在地表以下 40～60 cm 土层中，被孢霉和微囊藻表现出显著性差异。

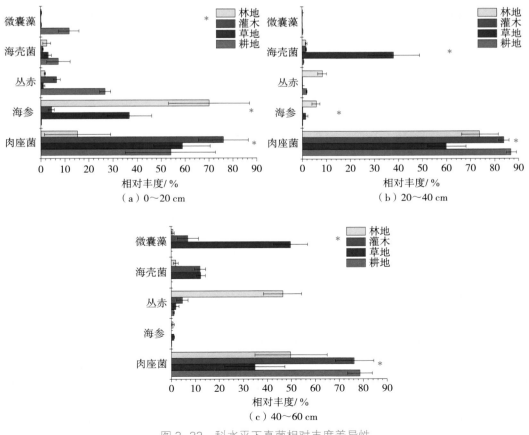

图 3-33　科水平下真菌相对丰度差异性

3.5.2.3 Alpha 多样性

基于 97% 相似水平，利用 Venn 图统计得到不同侵蚀源区地表以下 0～20 cm、20～40 cm 和 40～60 cm 土层中的真菌所共有和独有的 OTU 数目（图 3-34）。结果表明，在地表以下 0～20 cm 土层中，不同侵蚀源区共有真菌的 OTU 数为 75 个，占真菌群落 OTU 总数的 18.4%。耕地、草地、灌木和林地独有的真菌 OTU 数分别为 61 个、80 个、95 个和 95 个。在地表以下 20～40 cm 土层中，不同侵蚀源区共有的真菌 OTU 数为 145 个，占细菌群落 OTU 总数的 34.5%。耕地、草地、灌木和林地独有的 OTU 数分别为 69 个、86 个、64 个和 56 个。在地表以下 40～60 cm 土层中，不同侵蚀源区共有的 OTU 数为 40 个，占细菌群落 OTU 总数的 12.1%。耕地、草地、灌木和林地独有的 OTU 数分别为 60 个、103 个、74 个和 52 个。

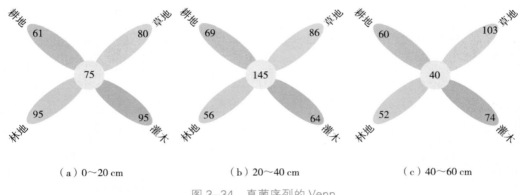

（a）0～20 cm   （b）20～40 cm   （c）40～60 cm

图 3-34　真菌序列的 Venn

不同侵蚀源区的真菌 Alpha 多样性指数汇总于表 3-11。OTUs 范围为 23 872～75 165，CHAO 指数范围为 266.43～794.23，Simpson 指数范围为 0.065～0.404。在地表以下 0～20 cm 土层中，各侵蚀源区真菌的丰度均处于相对较高的水平，其中灌木的丰度最高，随着土层深度的增加，丰度逐渐降低，其中耕地的丰度水平最低。

表 3-11　不同侵蚀源区土壤真菌群落丰度和多样性指数

土壤深度 /cm	侵蚀源区	OTUs	CHAO	Simpson
0～20	耕地	33 489	590.13	0.083
	草地	50 140	733.33	0.065
	灌木	68 765	794.23	0.163
	林地	59 036	758.43	0.067

续表

土壤深度 /cm	侵蚀源区	OTUs	CHAO	Simpson
	耕地	52 272	324.23	0.180
20～40	草地	65 940	561.03	0.132
	灌木	75 165	500.96	0.404
	林地	42 815	432.06	0.250
	耕地	54 858	266.43	0.254
40～60	草地	58 814	513.43	0.065
	灌木	56 164	421.70	0.137
	林地	23 872	321.56	0.210

3.5.2.4　土壤真菌群落进化分析

本书通过对目水平真菌类群构建系统进化树发现，草地、灌木和林地较耕地相比物种丰度在样品间相对较高（图 3-35）。Ⅰ型真菌在草地和林地条件下物种丰度达到最高，Ⅱ型真菌在耕地条件下物种丰度达到最高，Ⅲ型和Ⅳ型真菌在草地、灌木和林地中物种丰度达到最高。

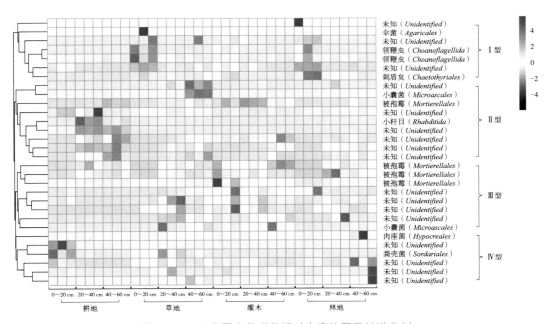

图 3-35　目水平真菌群落相对丰度热图及其进化树

3.6 不同侵蚀源区有机碳矿化与生物、非生物因子间的关系

3.6.1 不同源地影响有机碳矿化关键因子识别

以有机碳矿化量为因变量，有机碳、全氮、碳氮比、碳磷比和氮磷比为自变量进行逐步回归分析。由表 3-12 可知，不同侵蚀源区有机碳矿化量的限制性因子存在差异。碳氮比的高低限制耕地和草地的有机碳矿化量，灌木有机碳矿化量的限制性因子为有机碳含量，林地有机碳矿化量的限制性因子为全氮。

表 3-12　有机碳矿化量与养分指标的逐步回归分析结果

类型	逐步回归模型	模型方程	R^2
	预测变量		
耕地	碳氮比	$y = 0.226 - 0.006\,x$	0.997
草地	碳氮比	$y = 0.150 + 0.020\,x$	0.993
灌木	有机碳	$y = 0.149 + 0.100\,x$	0.995
林地	全氮	$y = 0.152 + 0.112\,x$	0.995

利用灰色关联分析法来揭示土壤酶活性对有机碳矿化影响因子的关联度（表 3-13）。选择有机碳矿化量作为特征指标，选择 3 种碳循环相关酶（β- 木糖苷酶、β- 葡萄糖苷酶、纤维素酶），2 种氮循环相关酶（亮氨酸酶、β-N- 乙酰氨基葡萄糖苷酶），1 种磷循环相关酶（磷酸酶）以及 3 种对应的酶计量特征值，共计 9 种序列指标。由表 3-13 可知，β-N- 乙酰氨基葡萄糖苷酶对耕地有机碳矿化量的解释度最高，达到 0.79，其次为纤维素酶（0.78）和酶碳氮比（0.75）。磷酸酶对草地有机碳矿化量的解释度最高（0.77），其次为酶氮磷比（0.74）和亮氨酸酶（0.71）。灌木有机碳矿化量解释度最高的因子为磷酸酶（0.72），林地为酶碳磷比（0.77）。

表 3-13　有机碳矿化量与土壤酶指标灰色关联度

类型	β- 木糖苷酶	β- 葡萄糖苷酶	纤维素酶	亮氨酸酶	β-N- 乙酰氨基葡萄糖苷酶	磷酸酶	酶碳氮比	酶碳磷比	酶氮磷比
耕地	0.68	0.68	0.78	0.61	0.79	0.61	0.64	0.75	0.61
草地	0.62	0.66	0.67	0.71	0.68	0.77	0.67	0.66	0.74
灌木	0.60	0.68	0.69	0.68	0.70	0.72	0.66	0.68	0.71
林地	0.69	0.65	0.76	0.69	0.74	0.75	0.65	0.77	0.72

基于主成分分析方法对影响有机碳矿化量的微生物指标进行分析（图 3-36）。对耕地微生物指标共提取 2 个主成分，累积贡献率为 92.25%。第一主成分（PC-1）的贡献率为 58.90%，第二主成分（PC-2）的贡献率为 33.30%。影响 PC-1 的因子成分为碳源利用类型（糖类、氨基酸类、酯类、醇类、胺类和酸类），其中最主要的为酯类和胺类碳源，影响 PC-2 的因子成分为 AWCD 和均匀度。草地微生物指标共提取 2 个主成分，累积贡献率为 94.86%。第一主成分（PC-1）的贡献率为 81.40%，第二主成分（PC-2）的贡献率为 13.50%。影响 PC-1 的因子主要成分为氨基酸类和糖类，影响 PC-2 的因子成分为优势度。灌木微生物指标共提取 2 个主成分，累积贡献率为 82.86%。第一主成分（PC-1）的贡献率为 57.00%，第二主成分（PC-2）的贡献率为 25.80%。影响 PC-1 的因子主要成分为氨基酸类和醇类，影响 PC-2 的因子成分为 AWCD 和均匀度。林地微生物指标共提取 2 个主成分，累计贡献率为 88.02%。第一主成分（PC-1）的贡献率为 69.60%，第二主成分（PC-2）的贡献率为 18.40%。影响 PC-1 的因子主要成分为氨基酸类和酸类，影响 PC-2 的因子成分为优势度。

应用多元线性回归分析进一步揭示土壤生物（变形菌、放线菌、蓝藻、酸杆菌、厚壁菌、拟杆菌、绿弯菌、芽单胞菌、浮微菌、硝化螺旋菌、子囊菌、被孢霉、鞭毛虫、担子菌、丝足虫类）对有机碳矿化量变化的内在机制，结果见表 3-14。由表 3-14 可知，耕地细菌（变形菌）和真菌（鞭毛虫）共同对有机碳矿化量的动态变化解释程度达到 77.5%，变形菌和鞭毛虫丰度是影响耕地有机碳矿化量的主要因子。硝化螺旋菌和子囊菌是影响草地有机碳矿化量的主要因子，其解释程度为 89.5%。灌木有机碳矿化量主要受到厚壁菌和放线菌共同作用，林地则主要受到浮微菌和变形菌两者的影响。

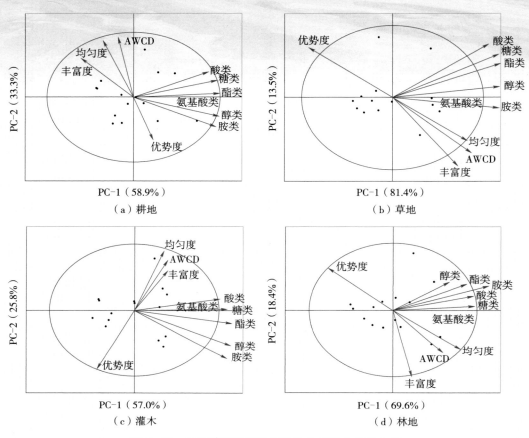

图 3-36　有机碳矿化指标与微生物指标主成分分析

表 3-14　多元回归分析结果

类型	回归方程	变化解释程度 /%
耕地	矿化量 = - 0.71 + 0.25 × 鞭毛虫 + 0.006 × 变形菌	77.5
草地	矿化量 = - 0.169 + 0.603 × 硝化螺旋菌 + 0.01 × 子囊菌	89.5
灌木	矿化量 = - 0.040 + 0.026 × 厚壁菌 + 0.003 × 放线菌	95.9
林地	矿化量 = - 0.018 + 0.017 × 浮微菌 + 0.004 × 变形菌	78.0

3.6.2　定量解析关键因子对有机碳矿化的影响

　　基于本节之前的研究，将各大类（养分、土壤酶、微生物、真菌及细菌）分别挑选有机碳矿化量影响最为显著的因子，将识别出的因子在同一水平下进一步对有机碳矿化量的影响进行量化，并对影响因子的下一级影响因子进行量化。从图 3-37 中可以看出，耕地的 8 种影响因子（第一阶）对有机碳矿化量的直接贡献率分别为鞭毛虫（0.018 3）、酯类（0.005 8）、酶碳磷比（0.005 3）、纤维素酶（0.005 1）、胺类（0.004 4）、变形菌（0.003 4）、碳氮比（0.002 7）和 β-N- 乙酰氨基葡萄糖苷酶（0.001 6）。由此可知，单一因子对有机碳矿化量的作用为 4.70%，因子之间的交互作用对有机碳矿化量的作用为 95.30%。基于灰色关联分析方法将第一阶因子的影响因子作为因变量，选取前 4 位关联度最高的因子作为自变量，产生第二阶影响因子。影响第一阶因子的第二阶因子主要为磷酸酶、β-N- 乙酰氨基葡萄糖苷酶、β- 葡萄糖苷酶、浮微菌、变形菌等。将第二阶的 32 个因子进行整体分析可以发现，养分类因子占比为 21.8%，土壤酶类因子占比为 34.3%，微生物类因子占比为 12.5%，真菌及细菌类因子占比为 31.2%。

从图 3-38 中可以看出，草地条件下，8 种影响因子（第一阶）对有机碳矿化量的直接贡献率分别为氨基酸类（0.023 9）、糖类（0.020 6）、磷酸酶（0.004 9）、硝化螺旋菌（0.004 5）、亮氨酸酶（0.003 3）、子囊菌（0.002 8）、酶氮磷比（0.002 8）和碳氮比（0.002 0）。由此可知，单一因子对有机碳矿化量的作用为 6.50%，因子之间的交互作用对有机碳矿化量的作用为 93.50%。基于灰色关联分析方法将第一阶因子的影响因子作为因变量，选取前 4 位关联度最高的因子作为自变量，产生第二阶影响因子。影响第一阶因子的第二阶因子主要为纤维素酶、担子菌、鞭毛虫、丝足虫类、厚壁菌等。将第二阶的 32 个因子进行整体分析可以发现，养分类因子占比为 12.5%，土壤酶类因子占比为 28.1%，微生物类因子占比为 15.6%，真菌及细菌类因子占比为 43.7%。

从图 3-39 中可以看出，在灌木条件下，8 种影响因子（第一阶）对有机碳矿化量的直接贡献率分别为 β-N- 乙酰氨基葡萄糖苷酶（0.012 7）、醇类（0.009 8）、磷酸酶（0.008 2）、厚壁菌（0.005 5）、亮氨酸酶（0.003 1）、有机碳（0.002 6）、放线菌（0.001 3）和酶氮磷比（0.001 3）。由此可知，单一因子对有机碳矿化量的作用为 4.48%，因子之间的交互作用对有机碳矿化量的作用为 95.52%。基于灰色关联分析方法将第一阶因子的影响因子作为因变量，选取前 4 位关联度最高的因子作为自变量，产生第二阶影响因子。影响第一阶因子的第二阶因子主要为浮微菌、鞭毛虫、担子菌、蓝藻等。将第二阶的 32 个因子进行整体分析可以发现，养分类因子占比为 12.5%，土壤酶类因子占比为 18.7%，微生物类因子占比为 3.1%，真菌及细菌类因子占比为 65.6%。

从图 3-40 中可以看出，林地的 8 种影响因子（第一阶）对有机碳矿化量的直接贡献率分别为浮微菌（0.014 0）、氨基酸类（0.007 8）、变形菌（0.007 0）、酸类（0.006 8）、

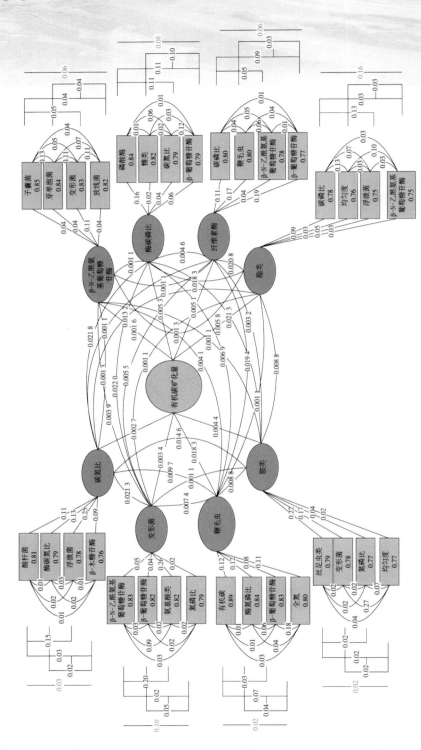

图 3-37　耕地有机碳矿化作用关系

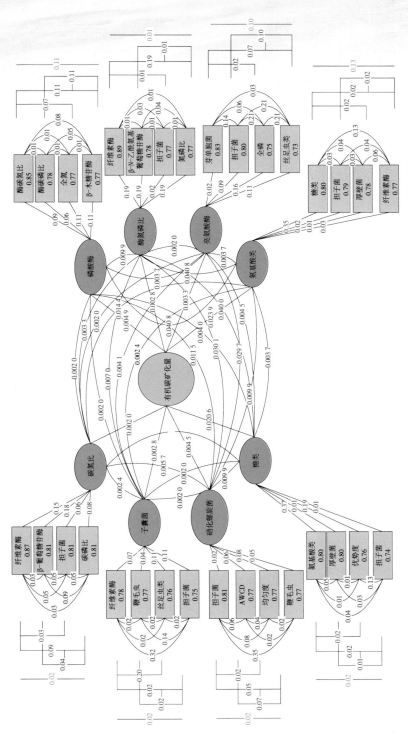

图 3-38　草地有机碳矿化作用关系

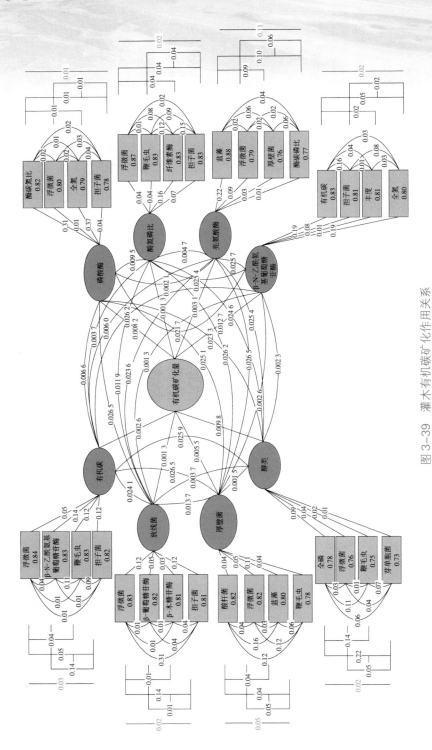

图 3-39　灌木有机碳矿化作用关系

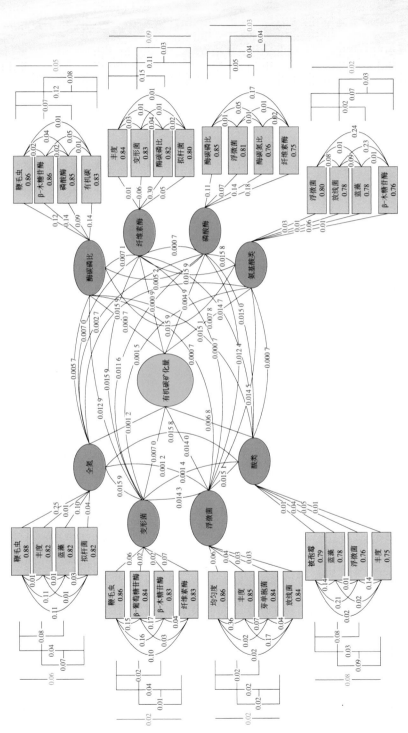

图 3-40　林地有机碳矿化作用关系

磷酸酶（0.004 9）、全氮（0.001 2）、纤维素酶（0.000 9）和酶碳磷比（0.000 7）。由此可知，单一因子对有机碳矿化量的作用为4.37%，因子之间的交互作用对有机碳矿化量的作用为95.63%。基于灰色关联分析方法将第一阶因子的影响因子作为因变量，选取前4位关联度最高的因子作为自变量，产生第二阶影响因子。影响第一阶因子的第二阶因子主要为鞭毛虫、丰度、蓝藻、变形菌、β-木糖苷酶等。将第二阶的32个因子进行整体分析可以发现，养分类因子占比为3.12%，土壤酶类因子占比为31.2%，微生物类因子占比为15.6%，真菌及细菌类因子占比为50.0%。

应用多元逐步线性回归分析进一步查明第一阶影响因子与有机碳矿化的关系，结果见表3-15。分析结果表明，鞭毛虫是耕地有机碳矿化量变化的最主要解释因子。氨基酸类是草地有机碳矿化量变化的最主要解释因子，厚壁菌是灌木有机碳矿化量变化的最主要解释因子，浮微菌是林地有机碳矿化量变化的最主要解释因子。

表3-15　多元回归分析结果

因变量	类型		系数	标准差	sig
有机碳矿化量	耕地	常数	0.128	0.012	0
		鞭毛虫	0.059	0.010	0.014
	草地	常数	0.277	0.055	0.001
		氨基酸类	−0.154	0.065	0.049
	灌木	常数	−0.012	0.029	0.003
		厚壁菌	0.029	0.004	0.002
	林地	常数	0.123	0.015	0
		浮微菌	0.021	0.006	0.008

3.7　小结

本章通过对不同侵蚀源区的土壤进行室内矿化培养试验，研究不同侵蚀源区下有机碳矿化的动态变化，对比分析不同侵蚀源区土壤理化性质、土壤酶、微生物群落以及真菌及细菌之间的差异，阐明不同侵蚀源区对土壤有机碳矿化速率的影响，揭示不同侵蚀源区下有机碳矿化的主要影响因素及其作用机制，得到以下研究结果：

（1）从整体矿化量水平来看，林地有机碳矿化量＞草地有机碳矿化量＞灌木有机

碳矿化量＞耕地有机碳矿化量；从不同培养时间矿化量水平来看，0～20 cm 土层有
机碳矿化量高于其他土层，20～40 cm 土层与 40～60 cm 土层有机碳矿化量相差较小，
且不同侵蚀源区的表层土壤对有机碳矿化量的影响更为明显。林地、草地和灌木前 9 d
的累积矿化量均达到整体矿化量的 70% 以上，耕地前 9 d 累积矿化量也达到整体矿化
量的 60%。随着土层深度的增加，各侵蚀源区的有机碳累积矿化量逐渐接近。

（2）耕地退耕为林地、草地和灌木可以显著增加土壤有机碳和全氮含量，且会
增加土壤碳循环相关酶（β- 葡萄糖苷酶、β- 木糖苷酶和纤维素酶）和氮循环相关酶
（β-N- 乙酰氨基葡萄糖苷酶和亮氨酸酶）活性。土壤磷以及对应的磷循环相关酶（磷
酸酶）则无显著的变化。随着土层深度的增加，这种差异性会逐渐降低。各侵蚀源区
微生物始终受到磷的限制作用，林地、草地和灌木同时也始终受到碳限制，但是随着
土层深度的增加碳限制逐渐减弱。

（3）不同侵蚀源区土壤随着培养时间的延长，土壤微生物群落活性逐渐提高，对
总碳源的利用呈逐渐增加趋势且对氨基酸类的利用程度要高于其他碳源类型。耕地在
4 种侵蚀源区中对土壤碳源的利用率基本处于最低的状态，而灌木土壤中的微生物密
度基本处于较高的水平。不同侵蚀源区土壤微生物虽然主要利用的是氨基酸类、酸类
及糖类碳源，但不同侵蚀源区土壤之间微生物利用的具体碳源种类相同点很少，显示
出不同侵蚀源区对土壤微生物的碳源利用类型有显著影响，对土壤微生物利用各种碳
源强度造成了明显差异，体现出微生物群落碳源代谢的多样性。

（4）坡面侵蚀源区细菌群落在门水平下变形菌（*Proteobacteria*）、放线菌（*Actinob-
acteria*）、蓝藻（*Cyanobacteria*）、酸杆菌（*Acidobacteria*）、拟杆菌（*Bacteroidetes*）
和绿弯菌（*Chloroflexi*）是所占丰度较高的细菌门。子囊菌（*Ascomycota*）、被孢霉
（*Mortierellomycota*）、鞭毛虫（*Choanoflagellata*）和担子菌（*Basidiomycota*）是坡面侵
蚀源区真菌群落所占丰度较高的真菌门。耕地和草地的表层土壤中特有的细菌群落占
主导地位，而随着土层深度的增加，细菌群落多样性增加，而灌木和林地随着土层深
度的增加特有的细菌群落逐渐增加。

（5）单一因子对有机碳矿化的影响显著低于多因子的交互作用对有机碳矿化的影
响。鞭毛虫是耕地有机碳矿化量变化的最主要解释因子。氨基酸类是草地有机碳矿化
量变化的最主要解释因子，厚壁菌是灌木有机碳矿化量变化的最主要解释因子，浮微
菌是林地有机碳矿化量变化的最主要解释因子。

第 4 章
干湿交替作用下
有机碳矿化特征及其影响因素

依据全球气候的模型预测结果，全球降水格局将在 21 世纪发生改变，并导致长期干旱和强降雨事件的发生频率增加（Solomon et al.，2007）。降水格局的改变对于干旱和半干旱地区的影响更加明显，主要是由于其表层土壤将会不断经历长期干旱和相对急剧的再湿润过程，而这种干湿交替作用会影响碳循环过程中密切相关的生物化学物理循环过程（Nielsen et al.，2015；Maestre et al.，2016）。干湿交替下土壤团聚体经历剧烈的缩涨，使得土壤团聚体结构被破坏，团聚体中被保护的碳在经历干湿交替作用后重新暴露出来，更易于被土壤中的微生物利用，最终使得有机质的矿化度不断提高（Dossa et al.，2008）。其次，在干湿交替的往复过程中，部分土壤微生物可通过对较厚细胞壁或自身合成的渗透调节物质加以利用，来抵御水分变化所带来的胁迫，而另一部分无法抵御水分胁迫带来影响的土壤微生物将进入休眠状态，或者形成芽孢，甚至发生死亡（Ouyang Li，2013）。由于土壤中的有机质最后都要通过土壤微生物的分解矿化作用，才能再次进行土壤生物地球化学循环过程，养分和离子的扩散运移过程在土壤干燥进程中会受到限制，同时还伴随着土壤无机氮的积累，而且此时供给土壤微生物的可用能量减少，使得微生物呈现饥饿状态，最终导致土壤中的碳氮矿化过程也会受到相应影响（Xu et al.，2011）。当土壤重新湿润后，营养物质在扩散作用的影响下，将作为限制因子，而且这一过程积累下的有机质和消亡的微生物量还能被存活下来的土壤微生物二次利用，此时土壤微生物会进入快速生长繁殖的阶段，土壤微生物的活性也会显著提高，对土壤碳矿化过程会产生显著的促进作用（Holt et al.，1990）。

土壤酶作为土壤微生物的代谢产物，参与土壤中一切生物化学过程，是土壤生态系统中物质循环和能量流动中最为活跃的生物活性物质（周礼恺，1987），并且是反映土壤有机碳转化特征的敏感指标（姚影 等，2015）。土壤酶活性主要受到土壤水分的影响，土壤水分微小的变化都会导致土壤酶活性发生变化，主要可能因为土壤水分的增减对土壤微生物量、土壤对相应酶的吸附作用和土壤中水膜的厚度大小产生了影响（Manzoni et al.，2014）。已有研究结果显示，土壤氧化酶活性会随着降水量的增加而显著升高，而土壤水解酶类并未发生显著改变，但土壤水解酶类的活性会随着降水量的减少而明显增加，此时土壤氧化酶活性也会明显减弱（Cheng et al.，2017）。现有研究大多集中在不同生态系统中少部分酶类（如脲酶、转化酶以及纤维素酶等），并且其研究结果之间也存在一定的差异，而关于土壤多个干湿交替往复过程对土壤酶活性影响的研究较少。现有研究在涉及干湿交替过程对土壤酶活性影响方面的结果存在明显差异，这可能和不同研究的土壤质地、干湿处理周期、干湿强度等一些变量条件存在差异有关。因此，深入探讨干湿交替对有机碳矿化的作用机制就显得尤为重要。

　　本章通过室内周期培养模拟试验，研究不同干湿交替次数条件下有机碳矿化速率和特征，对比分析土壤理化性质、细菌丰度、物种多样性、微生物群落组成与群落结构变化特征，明确有机碳矿化速率与土壤理化以及生物学性质之间的响应关系，阐明落淤过程中干湿交替对土壤有机碳矿化速率的影响，揭示干湿交替作用下有机碳矿化的主要影响因素及其作用机制。

4.1　干湿交替作用下土壤有机碳矿化特征

4.1.1　矿化量

　　本书中的一个完整的干湿交替过程为土壤先经历缓慢脱水过程，使土壤含水量从田间持水量的 100% 降至 30%，接着进行一次快速湿润，使土壤含水率迅速恢复至100% 田间持水量。整个培育时间内干湿交替组共进行了 5 次连续干湿循环，每次干湿循环天数为 6 d，培育天数共 30 d（图 4-1）。

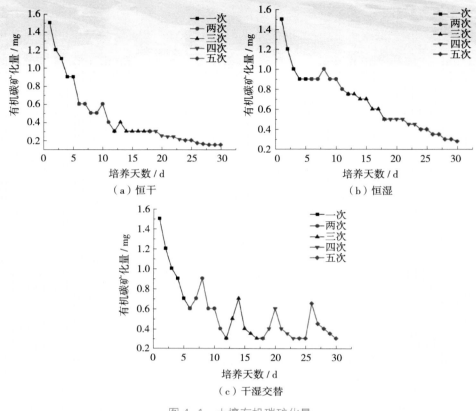

图 4-1　土壤有机碳矿化量

在恒干的培育条件下，5 次循环周期有机碳矿化量的变化率分别为 60%、50%、25%、33.3% 和 25%，由此可以看出，在第 1 次和第 2 次的循环周期内（0～12 d），有机碳矿化量下降最为明显，之后趋于平缓。在恒湿的培育条件下，5 次循环周期有机碳矿化量变化率分别为 40%、16.6%、33.3%、20% 和 30%，与恒干培育条件不同的是，恒湿条件下有机碳矿化量在一次循环周期后（0～6 d）下降最为明显，之后的周期内有机碳矿化量呈逐渐下降的规律。从图 4-1 中可以看出，干湿交替过程中，干旱后湿润对土壤有机碳矿化有瞬时激发效应。培育周期内，在每次干湿循环的干旱期，随着干旱时间的延长，土壤有机碳矿化量快速降低。第 1 次干湿循环（0～6 d）后，土壤有机碳矿化量显著低于恒湿组，干旱在一定程度上抑制了土壤有机碳矿化。在湿润阶段，每次湿润后土壤有机碳矿化量均能在短时间内迅速到达高峰。5 次干湿交替对土壤有机碳矿化的激发效应分别比恒干组增加 0、50.0%、75.0%、66.6%、85.7%，比恒湿组增加 33.3%、58.3%、37.5%、66.6% 和 65.7%。由此也可以佐证干湿交替对土壤有机碳矿化量存在瞬时激发效应。

　　图 4-2 是干湿交替、恒干和恒湿土壤有机碳矿化累积量随时间变化的曲线。恒干组有机碳矿化量显著低于恒湿组，干湿交替组在干旱期有机碳矿化量高于恒干组、低于恒湿组，而每次湿润后，虽然伴随着土壤有机碳矿化的激发效应，有机碳矿化量均有所增加，但是增加量不足以抵消干旱期减少的矿化量，且增加幅度随着干湿循环的进行逐渐减弱。因此，5 次干湿交替后，有机碳矿化量要低于恒湿组。干湿交替引起的土壤有机碳矿化主要发生在前 2 次干湿交替过程中，前 2 次的累积矿化量分别达到了 35.2% 和 20.8%，后 3 次的累积矿化量分别为 15.2%、14.0% 和 14.6%。

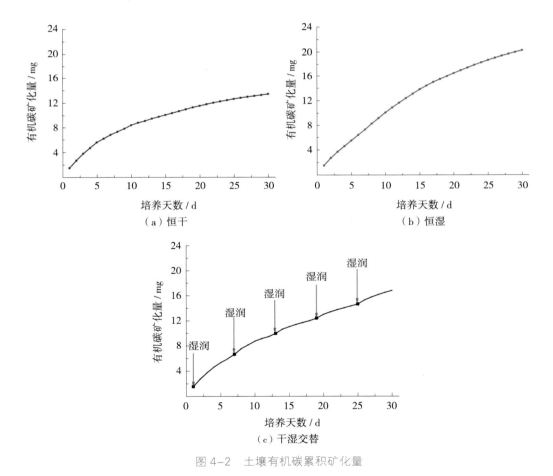

图 4-2　土壤有机碳累积矿化量

4.1.2 矿化速率

图 4-3 为不同培育条件下有机碳矿化速率随培养时间的动态变化规律。试验结果表明，在第 1 次干湿交替周期内（0～6 d），恒干、恒湿和干湿交替土壤有机碳矿化速率均在 1 d 达到最高，之后急剧下降，其中干湿交替组下降最为剧烈，达到 34.4%，其次为恒干组（31.0%），恒湿组下降幅度最小（28.9%）。干湿交替条件下，每次复湿之后的第 2 天，有机碳矿化速率会出现一个短暂的峰值，之后逐渐降低。这是由于水分会刺激微生物活性，导致土壤有机碳矿化速率迅速提升；此后的复湿虽然也会促进有机碳矿化速率增加，但是与之前相比，整体仍处于一个下降的趋势，故可认为水分虽然对有机碳矿化速率存在激发作用，但由于土壤中的养分及能量会发生损耗，使得培养进入后期后，微生物的呼吸活性开始缓慢下降，最终导致整体处于下降的趋势。综上所述，干湿交替下的有机碳矿化速率介于恒干和恒湿之间。

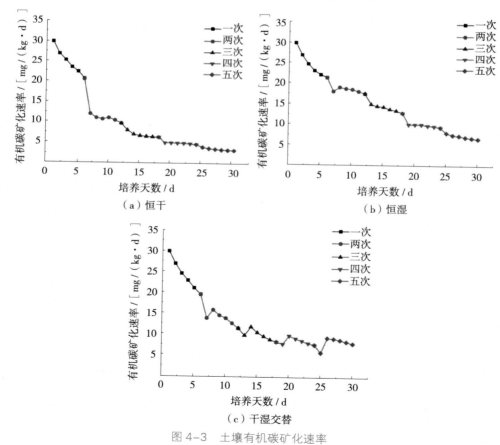

图 4-3　土壤有机碳矿化速率

4.1.3　矿化比

干湿交替次数显著影响有机碳矿化比（表 4-1），各处理类型在第 1 次干湿交替周期下，有机碳矿化比均处于最大值，达到 0.012。随着干湿交替次数的增加，有机碳矿化比逐渐降低。恒干条件在 3 次干湿交替次数后，有机碳矿化比达到平稳状态。恒湿条件则在第 4 次干湿交替次数后，有机碳矿化比达到平稳状态。干湿交替处理下有机碳矿化比同恒干处理变化相似，均在 3 次干湿交替次数后达到平稳状态。整体而言，恒干处理下有机碳矿化比（0.004 8）＞干湿交替处理（0.004 3）＞恒湿处理（0.003 8）。在反复干湿交替处理下，土壤结构受到破坏，土壤团聚体受到反复破坏作用而大量裂解，使得包裹在团聚体中的有机碳被释放出来，导致这部分有机碳失去原有的物理保护更易被微生物矿化分解而释放到大气中。而相较于恒干处理，干湿交替处理使土壤结构与空气接触时间较长，也在一定程度上增加了微生物矿化分解的活性，因此，干湿交替处理下的有机碳矿化比介于恒干和恒湿两种处理之间。

表 4-1　土壤有机碳矿化比

处理类型	次数	矿化比 / （g CO_2–C/g SOC）
恒干	1	0.001 2±0.000 10 a
	2	0.000 5±0.000 20 b
	3	0.000 3±0.000 08 c
	4	0.000 2±0.000 05 c
	5	0.000 2±0.000 06 c
	累积	0.004 8
恒湿	1	0.001 2±0.000 12 a
	2	0.001 0±0.000 05 b
	3	0.000 7±0.000 04 c
	4	0.000 5±0.000 06 d
	5	0.000 4±0.000 02 d
	累积	0.003 8

续表

处理类型	次数	矿化比 / （ g CO$_2$–C/g SOC ）
干湿交替	1	0.001 2±0.000 11 a
	2	0.000 9±0.000 05 b
	3	0.000 7±0.000 04 c
	4	0.000 7±0.000 06 c
	5	0.000 8±0.000 04 bc
	累积	0.004 3

注：不同小写字母表明不同干湿交替次数之间存在显著差异（$P<0.05$）。

4.1.4　矿化潜力

运用一级动力学方程对 3 种培育条件下的有机碳矿化潜力进行估求，拟合参数（Cp 值和 k 值）和决定系数见表 4-2。从表 4-2 中可以看出，拟合效果较好。不同培育条件下土壤有机碳矿化潜力（Cp）值存在一定的差异，变化范围为 3.12～24.52 mg。总体而言，随着循环次数的增加，有机碳矿化潜力逐渐降低。当土壤处于恒干和恒湿条件下时，恒干土壤有机碳矿化潜力在任何一个时段均低于恒湿。

表 4-2　土壤有机碳矿化潜力

类型	循环次数	有机碳矿化潜力 (Cp)/mg	有机碳矿化速率常数 (k)/d^{-1}	R^2
恒干	1	10.46	0.15	0.99
	2	7.77	0.07	0.99
	3	7.18	0.05	0.99
	4	6.27	0.04	0.99
	5	3.12	0.06	0.99
恒湿	1	12.17	0.12	0.99
	2	24.52	0.04	0.99
	3	11.36	0.06	0.99
	4	13.32	0.03	0.99
	5	5.68	0.07	0.99
干湿交替	1	8.92	0.18	0.99
	2	5.80	0.15	0.99
	3	4.09	0.16	0.99
	4	4.88	0.10	0.99
	5	4.32	0.05	0.99

4.2　干湿交替作用下土壤养分特征

4.2.1　有机碳

不同处理土壤有机碳含量在干湿交替次数下变化规律如图 4-4 所示。从图 4-4 中可以看出，在不同干湿交替次数下，恒干和恒湿处理有机碳含量均高于干湿交替处理（$P<0.05$），且恒干和恒湿处理下有机碳含量差异不显著（$P>0.05$）。在干湿交替处理下，土壤有机碳含量由第 1 次干湿交替处理下的 4.82 g/kg，逐渐降低到 3.20 g/kg（第 3 次干湿交替），之后有机碳含量趋于稳定。在第 1 次干湿交替周期到第 2 次干湿交替周期内，有机碳含量下降幅度最大，达到 24.8%；从第 2 次干湿交替周期到第 3 次干湿交替周期有机碳含量下降幅度为 11.6%。干湿交替显著影响土壤有机碳含量，且随着干湿交替次数的增加，有机碳含量趋于稳定状态。

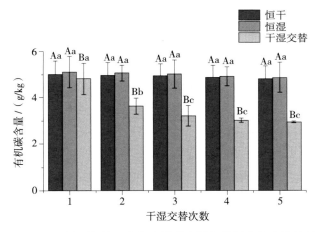

图 4-4　不同处理条件下土壤有机碳含量与干湿交替次数的关系

注：图中大写字母表示同一干湿交替次数下，不同处理下碳含量差异达到显著性水平（$P<0.05$）；
　　小写字母表示在同一种处理，不同干湿交替次数下碳含量差异达到显著性水平（$P<0.05$）。

4.2.2　全氮

不同处理土壤全氮含量在不同干湿交替次数下的变化如图 4-5 所示。由图 4-5 可知，恒湿处理下除在第 3 次干湿交替次数周期内，土壤全氮含量均显著高于恒干和干湿交替处理（$P<0.05$），且随着干湿交替次数的增加，全氮含量均显著降低（$P<0.05$），由最初的 0.42 g/kg（第 1 次干湿交替）降低到 0.29 g/kg（第 5 次干湿交替），降低幅度为 30.9%。在前 4 次干湿交替周期内，恒干处理下的土壤全氮含量均显著高于干湿交替处理（$P<0.05$）；在第 5 次干湿交替周期内，全氮含量与干湿交替处理持平。恒干处理在前 3 次干湿交替周期内变化较小，随着干湿交替次数的增加，土壤全氮含量逐渐降低（$P<0.05$）。干湿交替处理下，土壤全氮含量除第 5 次干湿交替周期均低于恒干和恒湿处理，且前 2 次干湿交替周期土壤全氮含量显著高于后 2 次。综上所述，干湿交替显著影响土壤全氮含量，而干湿交替次数对土壤全氮含量的影响较土壤有机碳小。

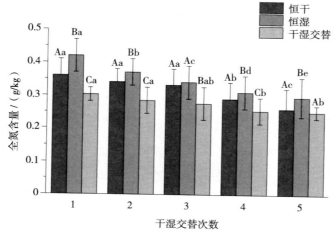

图 4-5　不同处理条件下土壤全氮含量与干湿交替次数的关系

注：图中大写字母表示同一干湿交替次数下，不同处理下氮含量差异达到显著性水平（$P<0.05$）；小写字母表示在同一种处理，不同干湿交替次数下氮含量差异达到显著性水平（$P<0.05$）。

4.2.3　全磷

不同干湿交替次数下的土壤全磷含量变化如图 4-6 所示。从图 4-6 中可以看出，在恒干、恒湿和干湿交替处理下，土壤全磷无显著性差异，且干湿交替次数对土壤全磷的影响也较小（$P>0.05$）。这表明土壤全磷对水分的响应作用均低于有机碳和全氮。造成这种现象的原因主要是土壤全磷含量主要受成土母质的影响，而试验培养的土壤均来自坝地表层，因此在不同的处理情况下，土壤全磷含量未表现出显著性差异。

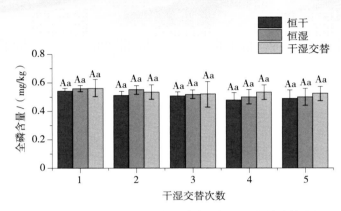

图 4-6　不同处理条件下土壤全磷含量与干湿交替次数的关系

注：图中大写字母表示同一干湿交替次数下，不同处理下磷含量差异达到显著性水平（$P<0.05$）；
　　小写字母表示在同一种处理，不同干湿交替次数下磷含量差异达到显著性水平（$P<0.05$）。

4.2.4　化学计量学特征

在第 1 次干湿交替周期内，干湿交替处理 C/N 值均显著高于恒干和恒湿处理 ［图 4-7（a）］，随着干湿交替次数的增加，干湿交替处理 C/N 值逐渐降低且均低于恒干和恒湿处理下的 C/N 值（$P<0.05$）。随着干湿交替次数的增加，恒干和恒湿处理下的土壤 C/N 值也逐渐升高，且恒干处理逐渐高于恒湿处理下的 C/N 值（$P<0.05$）。恒干、恒湿和干湿交替处理下的 C/N 值分别为 13.91～18.46、12.16～16.54 和 11.62～15.96。土壤 C/P 值变化如图 4-7（b）所示，C/P 值整体为 5.61～10.18。在不同干湿交替次数下，恒干和恒湿 C/P 值基本保持稳定，未表现出显著性差异（$P>0.05$），但始终要高于干湿交替处理下的 C/P 值（$P<0.05$）。随着干湿交替次数的增加，干湿交替处理 C/P 的值逐渐降低，直至第 4 次干湿交替后，C/P 值趋于稳定。恒干处理下 N/P 值为 0.53～0.66，N/P 值在第 1 次干湿交替周期内低于恒湿处理、高于干湿交替处理，且随着干湿交替次数的增加，与恒湿处理 N/P 值持平，且始终高于干湿交替处理下的 N/P 值（$P<0.05$）。干湿交替处理下，随着干湿交替次数的增加，N/P 值逐渐降低，且在 3 次干湿交替后，降幅增加（$P<0.05$）。

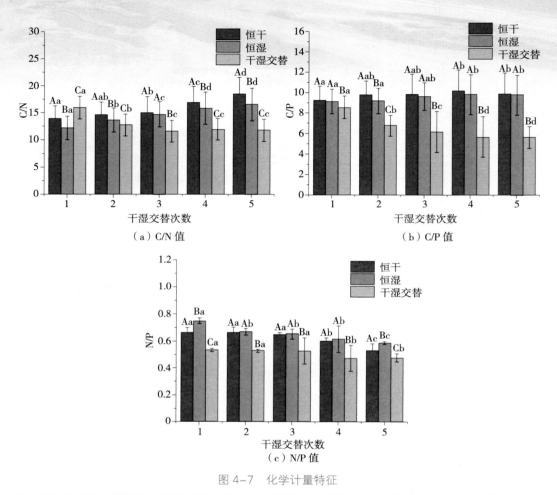

图 4-7　化学计量特征

注：图中大写字母表示同一干湿交替次数下，不同处理下差异达到显著性水平（P<0.05）；小写字
　　母表示在同一种处理，不同干湿交替次数下差异达到显著性水平（P<0.05）。

4.3　干湿交替作用下土壤酶活性特征

4.3.1　碳循环相关酶系

　　碳循环相关酶活性在干湿交替作用下的变化规律如图4-8所示。整体来看，3种碳循环相关酶在不同的试验条件下随着干湿交替次数的增加均出现先降低后趋于稳定的变化规律，且在经历1次干湿交替后，土壤碳循环相关酶活性均急剧下降，之后趋于稳定。从酶种类的角度分析，β-葡萄糖苷酶含量均显著高于β-木糖苷酶和纤维素酶（$P<0.05$），且不同种类的碳循环相关酶对干湿交替的响应存在差异。由图 4-8（a）可知，第 1 次干湿交替周期内，β- 葡萄糖苷酶含量排序为干湿交替［0.166 mol/（g·h）］＞恒干［0.111 mol/（g·h）］＞恒湿［0.087 mol/（g·h）］。随着干湿交替次数的增加，恒干和恒湿状态下 β- 葡萄糖苷酶含量逐渐持平，而干湿交替状态下的 β- 葡萄糖苷酶含量始终高于恒干和恒湿（$P<0.05$）。β- 木糖苷酶在恒湿条件下第 1 次干湿交替周期内达到最大值［0.017 mol/（g·h）］，恒干条件下 β- 木糖苷酶含量最低［（0.008 mol/（g·h）］，干湿交替处理 β- 木糖苷酶含量介于两者之间［0.015 mol/（g·h）］

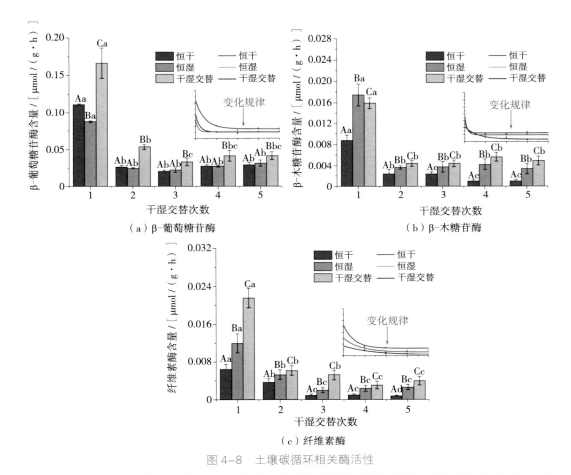

图 4-8　土壤碳循环相关酶活性

注：图中大写字母表示同一干湿交替次数下，不同处理下碳循环相关酶含量差异达到显著性水平（$P<0.05$）；小写字母表示在同一种处理，不同干湿交替次数下碳循环相关酶含量差异达到显著性水平（$P<0.05$）。

（$P<0.05$）［图4-8（b）］。随着干湿交替次数的增加，恒湿条件下β-木糖苷酶含量逐渐降低，且逐渐低于干湿交替条件而高于恒干条件（$P<0.05$）。纤维素酶含量在不同的干湿交替周期内，均表现出干湿交替处理最高，恒湿次之，恒干最低的变化规律［图4-8（c）］，且第1次干湿交替周期内，各处理组的纤维素酶含量均达到最大值（$P<0.05$）。

不同处理下不同碳循环相关酶在第1次经历干湿交替表现各异，恒湿条件下β-葡萄糖苷酶含量最低，β-木糖苷酶含量最高，而纤维素酶则居于两者处理之间。在经历1次干湿交替之后，干湿交替处理的碳循环相关酶含量始终高于恒干和恒湿处理。干湿交替可以显著激发碳循环相关酶活性，且随着干湿交替次数的增加，碳循环相关酶活性越发趋于稳定。

4.3.2 氮循环相关酶系

氮循环相关酶活性在干湿交替作用下的变化规律如图4-9所示。土壤中亮氨酸酶含量显著高于β-N-乙酰氨基葡萄糖苷酶含量。前3次干湿交替周期内，不同处理下的亮氨酸酶含量大小依次为干湿交替>恒湿>恒干，且第1次干湿交替周期内亮氨酸酶含量均达到最大值，之后逐渐降低［图4-9（a）］。随着干湿交替次数的增加，不同处理间亮氨酸酶含量高低发生逆转，不同处理下亮氨酸酶含量大小依次为恒干>恒湿>干湿交替（$P<0.05$）。而对于β-N-乙酰氨基葡萄糖苷酶来说［图4-9（b）］，恒湿条件下除第1次干湿交替周期外，基本保持不变。干湿交替处理下，β-N-乙酰氨基葡萄糖苷酶含量逐步下降（$P<0.05$）。恒干条件下，前2次干湿交替周期β-N-乙酰氨基葡萄糖苷酶含量显著高于后3次干湿交替周期，且第1次干湿交替高于第2次（$P<0.05$）。后3次干湿交替周期内β-N-乙酰氨基葡萄糖苷酶含量趋于稳定状态。

整体来看，干湿交替可以显著激发氮循环相关酶活性，但是不同处理组间氮循环相关酶的变化规律不尽相同。亮氨酸酶的降低幅度则要高于β-N-乙酰氨基葡萄糖苷酶，可能是因为在氮循环相关酶中亮氨酸酶有着更高的环境敏感性。β-N-乙酰氨基葡萄糖苷酶对恒湿条件的抵抗能力要更强，而对干湿交替作用的抵抗能力较差。

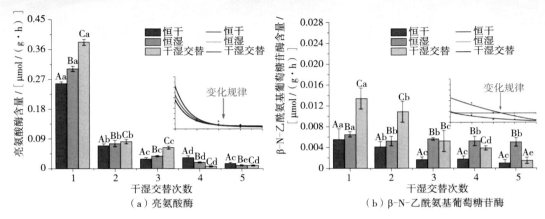

图 4-9　土壤氮循环相关酶活性

注：图中大写字母表示同一干湿交替次数下，不同处理下氮循环相关酶含量差异达到显著性水平
（$P<0.05$）；小写字母表示在同一种处理，不同干湿交替次数下氮循环相关酶含量差异达到显著
性水平（$P<0.05$）。

4.3.3　磷循环相关酶系

干湿交替作用下的磷循环相关酶活性变化规律如图 4-10 所示。磷酸酶整体的变化趋势和碳循环相关酶和氮循环相关酶相同，但是不同于不同处理间磷酸酶的含量变化。在不同的干湿交替周期内，恒干、恒湿以及干湿交替处理下磷酸酶的含量没有显著性差异（$P>0.05$）。第 1 次干湿交替周期各处理磷酸酶含量均为最高（$P<0.05$）。随着干湿交替次数的增加，磷酸酶含量逐渐降低，直至第 3 次干湿交替周期，磷酸酶含量趋于稳定。

磷循环相关酶对水分的响应显著低于碳循环相关酶和氮循环相关酶，仅对前 2 次的干湿交替周期表现出明显的响应。这是由于磷含量本身受到成土母质的影响，对外界因素的影响反应较弱，导致磷循环相关酶可能也只受成土母质的影响，导致其对不同处理条件以及干湿交替次数的响应较差，因此，磷酸酶对环境变化的敏感性不及碳循环相关酶和氮循环相关酶。

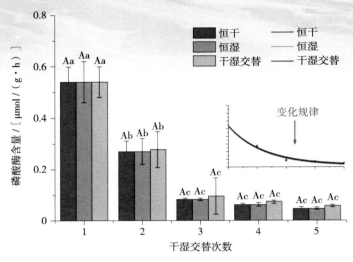

图 4-10　土壤磷循环相关酶活性

注：图中大写字母表示同一干湿交替次数下，不同处理下磷循环相关酶含量差异达到显著性水平（$P<0.05$）；小写字母表示在同一种处理，不同干湿交替次数下磷循环相关酶含量差异达到显著性水平（$P<0.05$）。

4.3.4　酶计量学特征

全球范围内，土壤碳、氮和磷获取酶的相对活性，即酶计量比被证明是严格约束的，经对数转化后的比值约为 1。但是，土壤微生物为获取限制性养分以满足自身生长和代谢需求而对特定胞外酶的分泌，势必会改变土壤酶计量比。由图 4-11 可知，在 5 次干湿交替处理下，（BG+EC+EG）：（LAP+NAG），（BG+EC+EG）：AP，（LAP+NAG）：AP 的变化范围分别为 1.81～0.64，3.46～1.04，2.16～1.14。随着干湿交替次数的增加，（BG+EC+EG）：（LAP+NAG）以及（BG+EC+EG）：AP 逐渐降低 [图 4-11（a）～（b）]，且干湿交替处理下的比值均低于恒干和恒湿处理（$P<0.05$）。（LAP+NAG）：AP 随着干湿交替次数的增加，呈现出先降低后增加的变化规律。在 3 次干湿交替次数之前，不同处理下的（LAP+NAG）：AP 大小依次为恒干>恒湿>干湿交替（$P<0.05$），但之后（LAP+NAG）：AP 发生了改变，其大小依次为恒干<恒湿<干湿交替（$P<0.05$）。

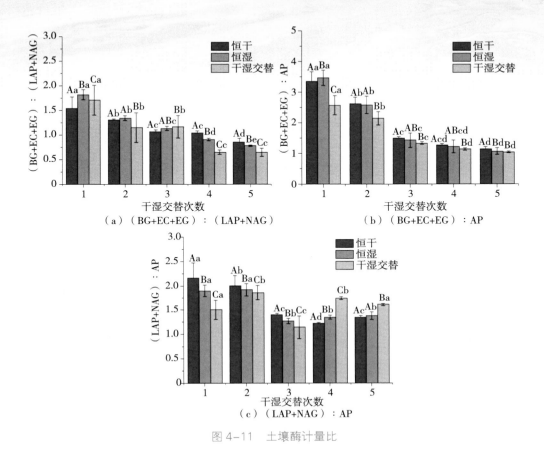

图 4-11　土壤酶计量比

注：图中大写字母表示同一干湿交替次数下，不同处理下酶计量比差异达到显著性水平（$P<0.05$）；
　　小写字母表示在同一种处理，不同干湿交替次数下酶计量比差异达到显著性水平（$P<0.05$）。

　　土壤酶化学计量的向量特征在干湿交替过程中所表现出的变化趋势如图 4-12 所示。随着干湿交替次数的增加，土壤酶化学计量向量长度基本呈现增加的变化规律，且干湿交替处理始终高于恒干和恒湿处理。这表明干湿交替相较于恒干和恒湿始终受到碳限制，且干湿交替循环越多碳限制越强烈［图 4-12（a）］。当干湿交替循环次数达到 3 次后，氮和磷的限制作用发生改变，在干湿交替循环次数达到 3 次之前，恒干、恒湿和干湿交替处理均受到磷的限制作用，在干湿交替循环次数达到 3 次之后，恒干、恒湿和干湿交替处理均受到氮的限制作用［图 4-12（b）］。且相较于恒干和恒湿处理，干湿交替处理对氮和磷的响应程度更高。

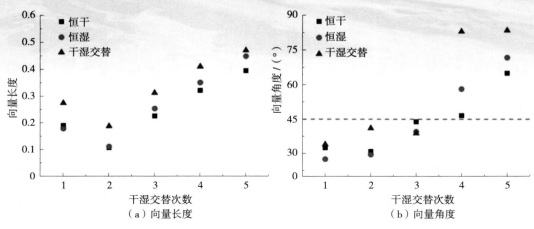

图 4-12　土壤酶化学计量的向量长度和角度变化

4.4　干湿交替作用下土壤微生物群落特征

4.4.1　板孔平均颜色变化率

土壤在恒干、恒湿和干湿交替处理下，各处理土壤 AWCD 值变化如图 4-13 所示。AWCD 值随培养时间的延长而提高，恒湿处理 AWCD 值在各个时期均高于其他处理，且在试验开始直到第 4 天均呈现出快速升高。除恒湿和 M5，不同处理均表现为在开始的 2 d 变化不大，在第 3～5 天快速升高，随后持续缓慢地升高直到试验结束。5 次干湿交替后，AWCD 值显著低于其他各处理条件，且在 3 d 之后 AWCD 值快速上升直至试验结束。

干湿交替对土壤微生物群落碳源利用能力有明显的影响。前 4 次干湿交替试验 AWCD 值显著高于恒干，表明干湿交替增加了土壤微生物的碳源利用能力，提高了土壤碳的利用能力，由于干湿交替对土壤结构进行了破坏，能为土壤微生物提供较多的能源和养分，促进了土壤微生物的活性和多样性，由于土壤所携带的能源和养分有限，因此在第 5 次干湿交替后，AWCD 值显著低于其他各处理。第 3 次交替 AWCD 达到最大值，也说明土壤在干湿交替作用下破坏释放的养分达到最大值。

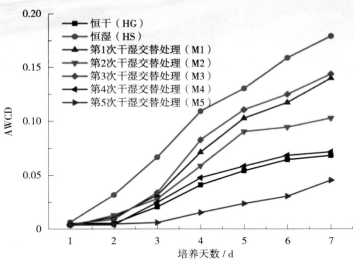

图 4-13 土壤微生物 AWCD 值

4.4.2 土壤微生物群落多样性指数

对 Biolog-ECO 微平板中的 3 种土壤微生物群落多样性指数进行分析,结果见表 4-2。不同处理对土壤微生物群落多样性有显著的影响。恒湿处理条件下,土壤微生物均匀度指数最高,随着干湿交替次数的增加,均匀度指数逐渐降低,在 4 次干湿交替之后,达到恒干处理下的均匀度,5 次干湿交替之后,均匀度显著低于各处理水平($P<0.05$)。土壤进行 5 次干湿交替处理后,土壤微生物丰度最低,但也高于恒干处理下的土壤微生物丰度($P<0.05$),且前 4 次干湿交替处理与恒湿处理下土壤微生物丰度指数差异不显著。干湿交替次数可以显著增加土壤微生物优势度指数,且随着干湿交替次数的增加,优势度指数逐渐增加,且均显著高于恒干和恒湿处理($P<0.05$)。

表 4-3 土壤微生物群落多样性指数

处理	恒干	恒湿	M1	M2	M3	M4	M5
均匀度(U)	0.232±0.07A	0.693±0.04B	0.466±0.03C	0.373±0.02C	0.496±0.06C	0.293±0.01A	0.151±0.01D
丰富度(H)	2.104±0.08A	3.022±0.18B	3.002±0.29B	2.998±0.48B	3.038±0.14B	2.946±0.62B	2.673±0.36C
优势度(D)	0.597±0.04A	0.375±0.05B	0.679±0.03C	0.806±0.19D	0.841±0.05D	0.891±0.08D	0.966±0.04E

注:不同字母表示同种多样性指数不同处理下之间的差异性。

　　土壤微生物的丰度指数与均匀度指数随干湿交替次数的增加呈降低趋势，优势度指数则有升高的趋势，可能是由于连续的干湿交替作用改变了土壤微生物的优势种群，促进了某些微生物种群生长代谢，抑制了其他微生物种群的生长代谢，使某些微生物功能群与其相关的特性消失，而使均匀度指数以及丰富度指数下降，优势度指数升高。

4.4.3　土壤微生物群落主成分分析

　　对 Biolog-ECO 微平板上的 31 种碳源底物利用情况进行主成分分析。主成分的提取原则是相对应特征值大于 1 的前 m 个主成分，据此原则，对土壤碳源底物利用情况共提取 4 个主成分，累积贡献率达到 100%，其中第一主成分（PC-1）的贡献率为 51.99%，第二主成分（PC-2）的贡献率为 20.10%（图 4-14）。Biolog-ECO 微平板的 31 种碳源底物分为六大类：糖类、氨基酸类、酯类、醇类、胺类和酸类，其中，糖类及其衍生物种 7 种，氨基酸类及其衍生物种 6 种，脂类、醇类和胺类 10 种，酸类及其衍生物种 8 类。影响 PC-1 的碳源共有 24 种，其中糖类 5 种（主要为 β- 甲基 D- 葡萄糖苷、D- 纤维二糖），氨基酸类 6 种（主要为 L- 丝氨酸和 L- 苏氨酸），酯类 2 种（主要为吐温 40），醇类 2 种（主要为 D,L-a- 甘油），胺类 3 种（主要为腐胺），酸类

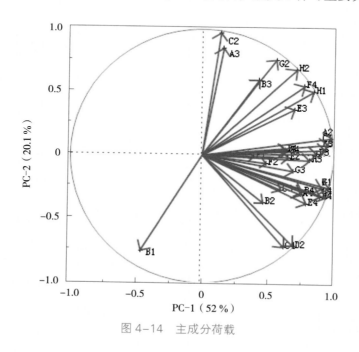

图 4-14　主成分荷载

6 种（主要为衣康酸和 4- 羟基苯甲酸）。影响 PC-1 的碳源共有 4 种，其中糖类 2 种（葡萄糖 -1- 磷酸盐和 a-D- 乳糖），氨基酸类 1 种（甘氨酰 -L- 谷氨酸），酯类 1 种（D- 半乳糖酸 γ 内酯）。这表明影响第二主成分的碳源主要是糖类、氨基酸类和酯类。由此说明糖类及其衍生物、氨基酸类及其衍生物、脂肪酸和酯类、代谢中间产物及次生代谢物均为研究区土壤微生物利用的碳源（表 4-4）。

表 4-4　31 种碳源的主成分载荷因子

序号	碳源类型	PC-1	PC-2	序号	碳源类型	PC-1	PC-2
B1	丙酮酸甲酯	-0.460	-0.750	F2	D- 氨基葡萄糖酸	0.485	-0.059
C1	吐温 40	0.962	0.089	C3	2- 羟苯甲酸	0.600	-0.267
D1	吐温 80	0.632	0.049	D3	4- 羟基苯甲酸	0.870	0.017
B2	D- 木糖	0.466	-0.367	E3	r- 羟基丁酸	0.699	0.369
H1	a-D- 乳糖	0.844	0.507	F3	衣康酸	0.938	0.047
A2	β- 甲基 D- 葡萄糖苷	0.987	0.140	G3	a- 丁酮酸	0.693	-0.12
G2	葡萄糖 -1- 磷酸盐	0.557	0.761	H3	D- 苹果酸	0.818	-0.035
E1	a- 环状糊精	0.915	-0.254	A4	L- 精氨酸	0.756	-0.303
F1	肝糖	0.391	-0.009	B4	L- 天冬酰胺酸	0.767	-0.282
C2	I- 赤藻糖醇	0.133	0.973	C4	L- 苯基丙氨酸	0.627	-0.714
D2	D- 甘露醇	0.699	-0.705	D4	L- 丝氨酸	0.945	-0.322
G4	苯乙基胺	0.646	0.041	E4	L- 苏氨酸	0.796	-0.372
B3	D- 半乳糖醛酸	0.428	0.597	F4	甘氨酰 -L- 谷氨酸	0.776	0.550
G1	D- 纤维二糖	0.968	-0.251	H4	腐胺	0.903	-0.317
H2	D,L-a- 甘油	0.716	0.684	E2	N- 乙酰基 -D- 葡萄胺	0.656	-0.012
A3	D- 半乳糖酸 γ 内酯	0.156	0.853	—	—	—	—

4.4.4　土壤微生物生理碳代谢指纹图谱

土壤微生物生理碳代谢指纹图谱如图 4-15 所示。M1 条件下，土壤代谢指纹图谱中胺类 G4（苯乙基胺）、H4（腐胺）、糖类 G1（D- 纤维二糖）和酸类 D3（4- 羟基苯甲酸）对碳源的利用程度最高。M2 条件下，土壤代谢指纹图谱中糖类 G2（葡萄糖 -1- 磷酸盐）、醇类 C2（I- 赤藻糖醇）和氨基酸类 F4（甘氨酰 -L- 谷氨酸）对碳源的利用程度最高。M3 条件下，土壤代谢指纹图谱中酸类 G3（a- 丁酮酸）、H3（D- 苹果酸）对碳源的利用程度最高。M4 条件下，土壤代谢指纹图谱中酯类 B1（丙酮酸甲酯）对碳源的利用程度最高。M5 条件下，土壤代谢指纹图谱中醇类 C2（I-赤藻糖醇）对碳源的利用程度最高。由此可以得出，随着干湿交替次数的增加，土壤微生物对碳源的利用程度逐渐降低，且由开始的糖类、胺类和酸类共同主导逐渐演变为单一的酸类、酯类或醇类主导。恒干和恒湿状态下，土壤微生物均可以利用多种碳源种类。

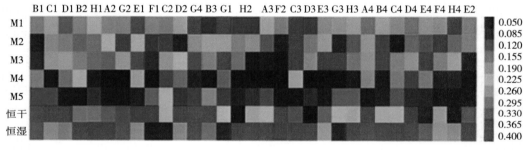

图 4-15　碳代谢指纹图谱

4.5　干湿交替作用下土壤细菌及真菌分布特征

4.5.1　细菌

4.5.1.1　土壤细菌稀释曲线

本书以 338F-806R 为引物，采用 MiSeq 高通量测序技术对恒干、恒湿以及不同干湿交替周期下的土壤细菌群落进行测序，共获得 1.38×10^{6} 个有效序列。细菌的 Coverage 指数为 0.96～0.97，细菌稀释曲线趋于稳定（图 4-16），说明测序深度足够覆盖大部分细菌。

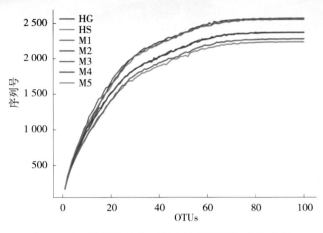

图 4–16　干湿交替作用下土壤细菌稀释曲线分析

4.5.1.2　土壤细菌群落

高通量测序数据分析显示，在门水平下，变形菌（*Proteobacteria*）、放线菌（*Actinobacteria*）、酸 杆 菌（*Acidobacteria*）、拟 杆 菌（*Bacteroidetes*）、芽 单 胞 菌（*Gemmatiomonadetes*）、绿弯菌（*Chloroflexi*）是恒干、恒湿以及干湿交替处理下细菌群落所占丰度较高的细菌门，其平均相对丰度变化范围分别为29.09%～44.98%、4.82%～9.15%、3.48%～10.45%、2.21%～12.89%、2.33%～4.39%［图 4-17（a）］，变形菌相对于其他菌类占细菌群落的比例最高，是土壤中最重要的细菌门。纲水平细菌群落主要由 γ- 变形菌（*Gammaproteobacteria*）、α- 变形菌（*Alphaproteobacteria*）、放线菌（*Actinobacteria*）、拟杆菌（*Bacteroidia*）、δ－变形菌（*Deltaproteobacteria*）、厌氧绳菌（*Anaerolineae*）等组成，其相对丰度变化范围分别为34.81%～52.47%、15.63%～45.06%、7.21%～15.44%、4.61%～22.73%、1.35%～6.90%［图 4-17（b）］，其中 γ- 变形菌占整个细菌群落的 40% 左右，是土壤中最主要的细菌纲。

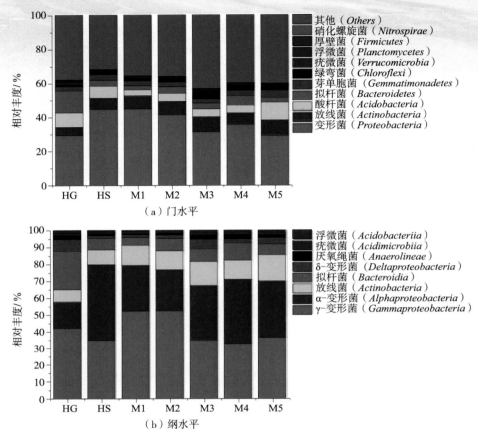

图 4-17 干湿交替条件下门和纲水平下细菌相对丰度

进一步分析目与科水平下细菌群落组成发现（图 4-18），β- 变形菌（*Betaproteobacteriales*）、鞘氨醇单胞菌（*Sphingomonadales*）、根瘤菌（*Rhizobiales*）、产氧光细菌（*Oxyphotobacteria*）、微球菌（*Micrococcales*）和噬几丁质菌（*Chitinophagales*）是最主要目水平的细菌类群，它们平均相对丰度分别为 40.01%、16.98%、12.72%、9.59%、6.90% 和 6.58%。对于科水平细菌群落而言，伯克氏菌（*Burkholderiaceae*）、鞘脂单胞菌（*Sphingomonadaceae*）、嗜甲基菌（*Methylophilaceae*）、微球菌（*Micrococcaceae*）、噬几丁质菌（*Chitinophagaceae*）和亚硝基球藻（*Nitrososphaeraceae*）是最主要科水平的细菌类群，它们的平均相对丰度分别为 35.91%、22.06%、12.39%、8.73%、7.58% 和 4.69%。

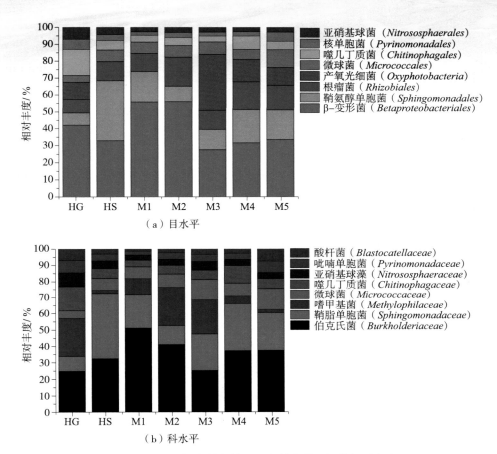

图 4-18　干湿交替条件下目和科水平下细菌相对丰度

4.5.1.3　Alpha 多样性

　　基于 97% 相似水平，利用 Venn 图统计得到恒湿、恒干和不同干湿交替次数处理下所共有和独有的 OTU 数目（图 4-19）。结果表明，恒湿、恒干和不同干湿交替次数处理下共有的 OTU 数为 1 034 个，占细菌群落 OTU 总数的 42.9%。恒干独有的 OTU 数最多，为 348 个；M5 独有的 OTU 数最少，为 147 个。

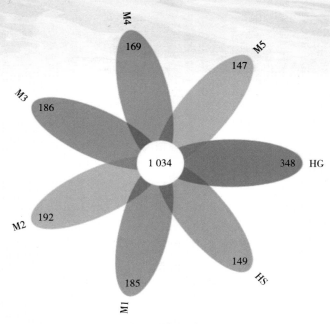

图 4-19　细菌序列的 Venn

　　恒干、恒湿以及不同干湿交替次数下的 Alpha 多样性指数汇总于表 4-4。OTUs
范围为 57 708～67 737，CHAO 指数范围为 2 242.5～2 579.5，Simpson 指数范围为
0.016 1～0.034 6。CHAO 指数是丰度指数，Simpson 指数是多样性指数，指数越大表
示丰度或多样性水平越高。恒湿条件下 Alpha 多样性指数均高于其他处理条件。第
1 次干湿交替处理下，微生物丰度较其他干湿交替次数最低，随着干湿交替次数的增
加微生物丰度逐渐增加，且各干湿交替处理微生物丰度均高于恒干处理。土壤微生物
多样性指数则随着干湿交替次数的增加逐渐降低，且各干湿交替处理微生物多样性均
高于恒干处理。这表明干湿交替处理能够显著激发土壤细菌活性。

表 4-5　土壤细菌群落丰度和多样性指数

类型	OTUs	CHAO	Simpson
HG	57 708	2 242.5	0.016 1
HS	67 737	2 577.3	0.034 6
M1	65 483	2 285.4	0.026 3
M2	64 515	2 377.4	0.025 1

续表

类型	OTUs	CHAO	Simpson
M3	60 604	2 560.4	0.023 6
M4	65 270	2 579.5	0.016 5
M5	63 854	2 571.3	0.016 4

4.5.1.4　土壤细菌群落进化分析

在生物学中，进化树是表征物种之间进化关系的重要方式。进化树的分支层次图形主要用于表达产生新的基因复制或者享有共同祖先生物体的歧异点，在树形结构中，枝长累积距离越近的样本差异越小，反之差异越大。本书通过对科水平细菌类群构建系统进化树发现，所有 Cbbl 可分为两大进化枝（图 4-20）。超过 80% 的 Cbbl 序列属于兼性自养菌进化枝，其余的 Cbbl 序列属于专性自养菌进化枝，由此也可以说明兼性自养菌是总细菌群落的优势菌群。黄杆菌（*Xanthobacteraccae*）和黄单胞菌（*Xanthomonadaceae*）分别是群落中相对丰度最高的专性自养菌与兼性自养菌。

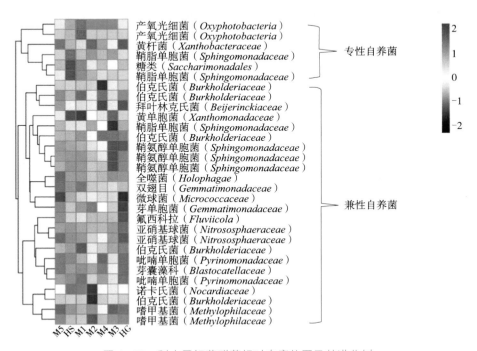

图 4-20　科水平细菌群落相对丰度热图及其进化树

样本无物种间的分布情况可通过共现性网络分析进行表征，运用相关性分析的相应方法对不同样本之间的物种丰度信息进行研究，可以获得物种在环境样本中的共存在关系，能够凸显出样本之间的相似性和差异性。共有的物种越多，样本之间的关系越接近。由图 4-21 可知，恒湿条件与恒干条件共有的物种较少，不同干湿交替次数下共有的物种较多，且恒干条件与不同干湿交替次数下共有物种较多。

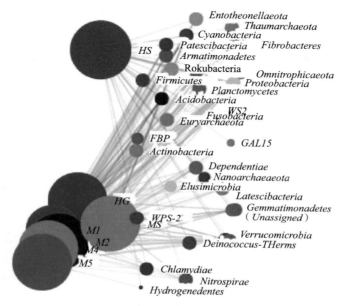

图 4-21　细菌群落共线性网络图

4.5.2　真菌

4.5.2.1　土壤真菌稀释曲线

采用 MiSeq 高通量测序技术对恒干、恒湿以及不同干湿交替周期下的土壤真菌群落进行测序，共获得 439 662 个经过质量筛选和优化的 18S rRNA 基因序列。所有土壤样品的真菌群落的稀释曲线表明随抽取序列数的增加，各样本获得的 OTUs 数量基本趋于稳定（图 4-22）。因此，测序数据能够代表每个土壤样本的实际情况，测序数量合理，测序深度足够覆盖大部分真菌。

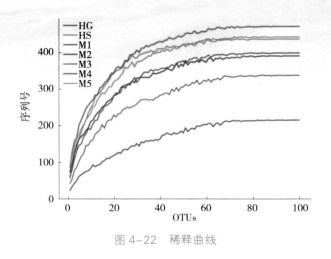

图 4-22　稀释曲线

4.5.2.2　土壤真菌群落

由图 4-23 可知，高通量测序数据分析显示，在门水平下，子囊菌（*Ascomycota*）、被孢霉（*Mortierellomycota*）、壶菌（*Chytridionycota*）、鞭毛虫（*Choanoflagellata*）和丝足虫类（*Cercozoa*）是恒干、恒湿以及干湿交替处理下真菌群落所占丰度较高的真菌门，其平均相对丰度变化范围分别为 57.02%～89.25%、9.17%～30.81%、0.12%～15.77%、0.01%～9.38% 和 0.01%～0.62%，其中，子囊菌相对于其他菌类占真菌群落的比例最高，是土壤中最重要的真菌门。纲水平真菌群落主要由散囊菌（*Eurotiomycetes*）、被孢霉（*Mortierellomycota*）、粪壳菌（*Sordariomycetes*）、座囊菌（*Dothideomycetes*）和鞭毛虫（*Choanoflagellata*）等组成。其相对丰度变化范围分别为 20.42%～80.39%、9.48%～43.04%、1.67%～31.34%、2.17%～8.94% 和 0.03%～13.11%。其中散囊菌占整个真菌群落的 47% 左右，是土壤中最主要的真菌纲。

由图 4-24 可知，进一步分析目与科水平下真菌群落的组成后发现，刺盾炱（*Chaetothyriales*）、被孢霉（*Mortierellales*）、粪壳菌（*Sordariales*）、肉座菌（*Hypocreales*）、格孢腔菌（*Pleosporales*）和领鞭毛（*Choanoflagellada*）是最主要目水平的真菌类群，其平均相对丰度分别为 48.92%、27.60%、8.88%、6.05%、5.34% 和 2.61%。对于科水平真菌群落而言，海参（*Herpotrichiellaceae*）、被孢霉（*Mortierellaceae*）、毛孢（*Lasiosphaeriaceae*）、和毛细线（*Trichomeriaceae*）是最主要科水平的真菌类群，其平均相对丰度分别为 52.28%、35.92%、5.96% 和 3.53%。

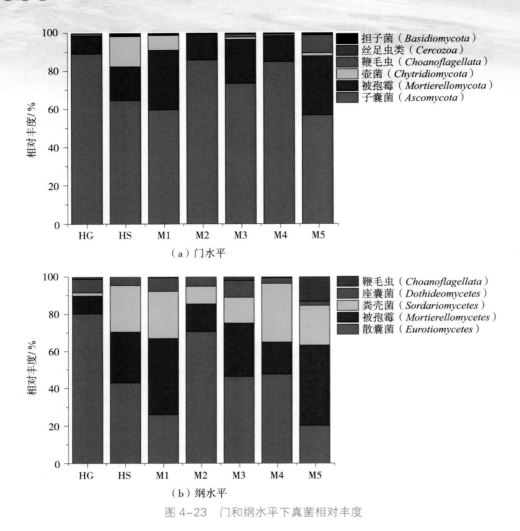

图 4-23　门和纲水平下真菌相对丰度

4.5.2.3　Alpha 多样性

　　基于 97% 相似水平，利用 Venn 图统计得到恒湿、恒干和不同干湿交替次数处理下所共有和独有的 OTU 数目（图 4-25）。结果表明，恒湿、恒干和不同干湿交替次数处理下共有的 OTU 数为 104 个，占细菌群落 OTU 总数的 20%。恒湿独有的 OTU 数最多，为 120 个；恒干独有的 OTU 数最少，为 18 个。随着干湿交替次数的增加，独有的 OTU 数呈现先降低（M1～M3）后增加（M3～M5）的变化规律。

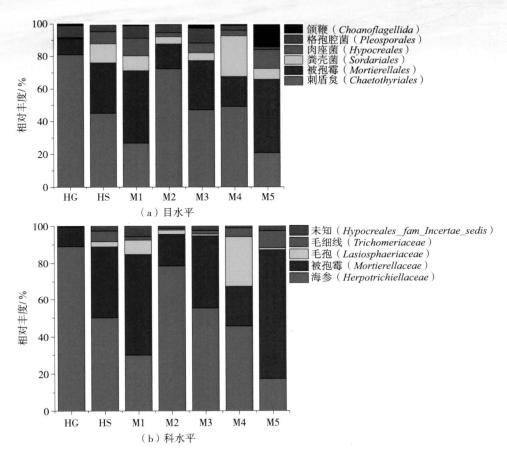

图 4-24　目和科水平下真菌相对丰度

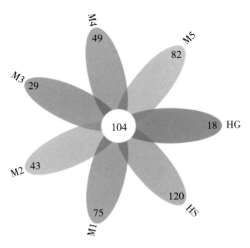

图 4-25　真菌序列的 Venn

恒干、恒湿以及不同干湿交替次数下的真菌 Alpha 多样性指数汇总于表 4-6。OTUs 范围为 26 421～77 380，CHAO 指数范围为 215.3～471.2，Simpson 指数范围为 0.044 4～0.685 0。恒湿处理下微生物丰度以及多样性均高于恒干。随着干湿交替次数的增加微生物丰度和多样性逐渐降低，且各干湿交替处理微生物丰度以及多样性均高于恒干，干湿交替处理显著激发土壤真菌活性。

表 4-6　土壤真菌群落丰度和多样性指数

类型	OTUs	CHAO	Simpson
HG	74 270	215.30	0.044 4
HS	26 421	436.10	0.638 0
M1	77 380	471.20	0.685 0
M2	61 249	442.20	0.213 0
M3	74 496	398.30	0.121 0
M4	68 758	390.40	0.119 0
M5	57 088	338.40	0.051 5

4.5.2.4　土壤真菌群落进化分析

本书通过对目水平真菌类群构建系统进化树发现，恒湿较恒干条件相比物种丰度在样品间相对越高（图 4-26）。Ⅰ型真菌在第 4 次干湿交替处理下物种丰度达到最大，Ⅱ型真菌在第 2 次干湿交替处理下物种丰度达到最大，Ⅲ型和Ⅳ型真菌在第 5 次干湿交替处理下物种丰度达到最大，Ⅴ型真菌在第 1 次干湿交替处理下物种丰度达到最大。

由图 4-27 可知，恒湿、M1 和 M3 共有的物种较多，相较于恒干、M2、M4 和 M5 共有的物种较少。子囊菌（*Ascomycota*）、纤毛虫（*Ciliophora*）、捕虫霉（*Zoopagomycoat*）、担子菌（*Basidiomycota*）、鞭毛虫（*Choanoflagellata*）、被孢霉（*Mortierellomycota*）、壶菌（*Chytridiomycota*）和丝足虫类（*Cercozoa*）是恒干、恒湿以及不同干湿交替处理下出现频数较高的真菌类型。

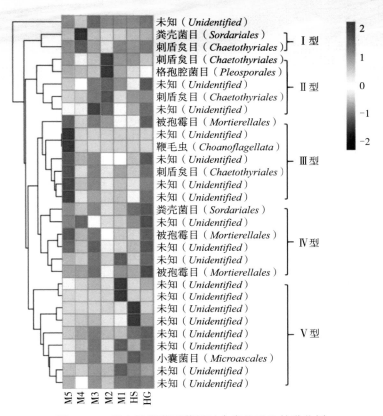

图 4-26　目水平真菌群落相对丰度热图及其进化树

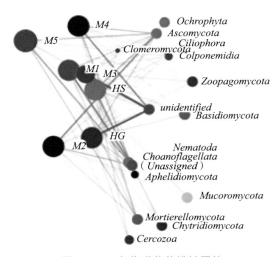

图 4-27　真菌群落共线性网络

4.6 干湿交替作用下有机碳矿化与生物、非生物因子间的关系

4.6.1 干湿交替作用下影响有机碳矿化关键因子识别

恒干条件下［图 4-28（a）］，全磷含量显著正向影响有机碳矿化量，而碳磷比则显著负向影响有机碳矿化量。有机碳矿化速率随着全磷含量的增加而增加，随着碳磷比的增加而降低。恒湿条件下［图 4-28（b）］，有机碳、全氮、全磷含量和氮磷比显著正相关影响有机碳矿化量和有机碳矿化速率，碳氮比和碳磷比显著负相关影响有机碳矿化量和矿化速率。干湿交替条件下［图 4-28（c）］，矿化量和矿化速率均随着有机碳、全磷、碳氮比和碳磷比的增加而增加，全氮仅对矿化速率呈现显著正相关关系。

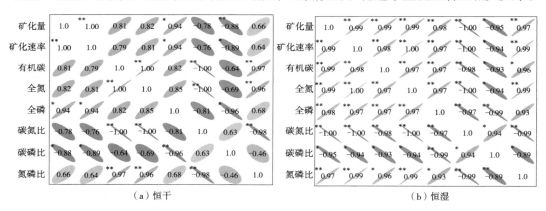

（a）恒干　　　　　　　　　　　　　　（b）恒湿

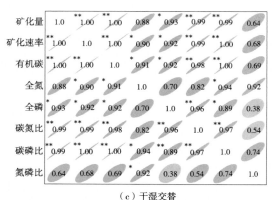

（c）干湿交替

图 4-28　有机碳矿化指标与养分指标相关关系

整体而言，有机碳、全氮、全磷含量将直接正向影响有机碳矿化量的多少以及矿化速率的高低。相较于恒干和恒湿，干湿交替碳氮比和碳磷比对矿化量和矿化速率的影响存在差异，干湿交替下碳氮比和碳磷比对矿化量和矿化速率呈现正相关关系，而恒干和恒湿则与之相反。结合图 4-7 分析可知，恒干和恒湿条件下，土壤碳氮比均显著高于干湿交替，高碳氮比条件下微生物对有机碳的矿化作用主要受限于土壤有效氮含量的高低，微生物生长受到一定的抑制作用，从而降低了土壤有机碳的矿化效率，相反，低碳氮比的土壤也就意味着有较高的氮供给土壤微生物，造成微生物过快生长加快对碳源的需求，矿化作用增强。因此，呈现出这一现象。

以有机碳矿化量为因变量，以有机碳、全氮、碳氮比、碳磷比和氮磷比为自变量进行逐步回归分析（表 4-7）。当土壤长期处于较干的条件时，影响有机碳矿化量的限制性因子为土壤全磷含量。已有研究表明（Allen et al.，2004），当土壤含水量较低时，磷可能对有机物的分解及土壤碳损失起到限制作用。结合图 4-2 可以看出，恒干条件下累积矿化量最低。因此，土壤磷是恒干条件下的主要限制性的养分因子。当土壤长期处于恒湿状态时（水淹），硝化作用被强烈抑制（Li，2012），从而降低土壤微生物对氮的消耗，增加对碳源的需求，增加有机碳的矿化量。因此，当土壤长期处于恒湿状态时，碳氮比成为主要限制性的因子。土壤有机碳含量则成为影响干湿交替条件下有机碳矿化的主要限制性因子。当土壤处于反复干湿交替作用下时，土壤团聚体反复经历破碎，聚合再破碎的过程，被保护包裹的碳更容易被释放，增加了土壤微生物对碳源的利用强度，进而增加有机碳矿化量。

表 4-7　有机碳矿化量与养分指标的逐步回归分析结果

类型	逐步回归模型预测变量	模型方程	R^2
恒干	全磷	$y = -6.79 + 14.349x$	0.994
恒湿	碳氮比	$y = 3.165 - 0.171x$	0.996
干湿交替	有机碳	$y = -0.575 + 0.321x$	0.995

利用灰色关联分析法来揭示土壤酶活性对有机碳矿化影响因子的关联程度。选择有机碳矿化量作为特征指标，选择 3 种碳循环相关酶（β- 木糖苷酶、β- 葡萄糖苷酶、纤维素酶），2 种氮循环相关酶（亮氨酸酶、β-N- 乙酰氨基葡萄糖苷酶），1 种磷循环相关酶（磷酸酶）以及 3 种对应的酶计量特征值，共计 9 种序列指标。由表 4-8 可知，

恒干条件下，β-N-乙酰氨基葡萄糖苷酶对有机碳矿化量的解释程度最高，解释度达到 0.77，其次为 β-木糖苷酶（0.73）和酶碳磷比（0.71）。恒湿条件下，酶碳磷比对有机碳矿化量的解释程度最高，解释度为 0.75，其次为磷酸酶（0.67）和 β-葡萄糖苷酶（0.66）。干湿交替条件下，酶碳氮比对有机碳矿化量的解释度最高，为 0.79，其次为酶碳氮比（0.71）和磷酸酶（0.70）。

表 4-8 有机碳矿化量与土壤酶指标灰色关联度

类型	β-木糖苷酶	β-葡萄糖苷酶	纤维素酶	亮氨酸酶	β-N-乙酰氨基葡萄糖苷酶	磷酸酶	酶碳氮比	酶碳磷比	酶氮磷比
恒干	0.73	0.66	0.72	0.64	0.77	0.67	0.62	0.71	0.62
恒湿	0.46	0.66	0.48	0.60	0.44	0.67	0.64	0.75	0.63
干湿交替	0.34	0.57	0.27	0.62	0.35	0.70	0.71	0.79	0.61

结合本章 4.3 节，虽然亮氨酸酶在氮循环相关酶中占主体位置，但在恒干条件下 β-N-乙酰氨基葡萄糖苷酶对矿化量的影响要高于亮氨酸酶。碳循环相关酶中的 β-木糖苷酶在恒干条件下对矿化量的影响程度更高，当处于恒湿和干湿交替条件下时，β-葡萄糖苷酶对矿化量的影响作用更大。磷酸酶在恒湿和干湿交替条件下对矿化量的影响程度要高于恒干条件。

基于主成分分析方法对影响有机碳矿化量的微生物指标进行分析。恒干条件下（图 4-29），对微生物指标共提取 3 个主成分，累积贡献率为 96.86%。第一主成分（PC-1）的贡献率为 58.60%，第二主成分（PC-2）的贡献率为 24.50%。影响 PC-1 的因子成分为 AWCD、均匀度、丰度和优势度，影响 PC-2 的因子成分为氨基酸类碳源微生物。恒湿条件下，对微生物指标共提取 3 个主成分，累积贡献率为 94.95%。第一主成分（PC-1）的贡献率为 46.40%，第二主成分（PC-2）的贡献率为 36.2%。影响 PC-1 的因子成分为 AWCD、均匀度、丰度和优势度，影响 PC-2 的因子成分为糖类、胺类、酸类碳源微生物。干湿交替条件下，对微生物指标共提取 2 个主成分，累积贡献率为 90.19%。第一主成分（PC-1）的贡献率为 80.10%，第二主成分（PC-2）的贡献率为 10.10%。影响 PC-1 的因子成分为 AWCD、均匀度、丰度、糖类、氨基酸类、酯类、醇类、胺类和酸类，影响 PC-2 的因子成分为优势度。

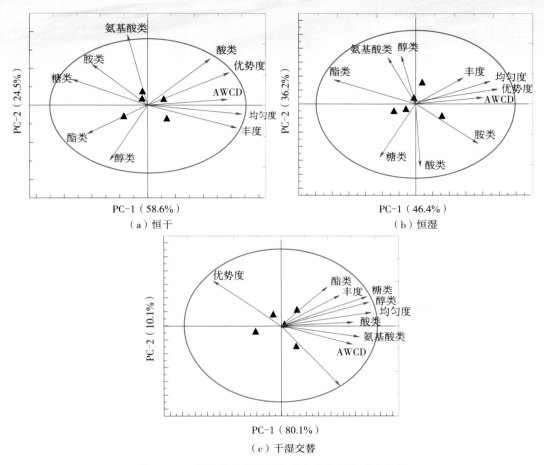

图 4-29　有机碳矿化指标与微生物指标主成分分析

　　应用多元线性回归分析进一步揭示土壤生物（变形菌、放线菌、酸杆菌、拟杆菌、芽单胞菌、绿弯菌、子囊菌、死霉、壶菌、鞭毛虫和丝足虫类）对有机碳矿化量变化的内在机制。由表 4-8 可知，恒干条件下细菌（拟杆菌）和真菌（子囊菌）共同对有机碳矿化量的动态变化解释程度达到 99.6%，拟杆菌和子囊菌丰度是影响恒干条件下有机碳矿化量的主要因子。恒湿条件下细菌（酸杆菌）对有机碳矿化的动态变化解释程度为 99.1%，酸杆菌丰度是影响恒湿条件下有机碳矿化量的主要因子。干湿交替条件下，真菌（壶菌）对有机碳的动态变化解释程度为 89.6%，壶菌丰度是影响干湿交替条件下有机碳矿化的主要因子。

表 4-9　多元回归分析结果

类型	回归方程	变化解释程度 /%
恒干	矿化量 = − 52.871 + 0.59 × 拟杆菌 + 0.01 × 子囊菌	99.6
恒湿	矿化量 = − 164.022 + 0.022 × 酸杆菌	99.1
干湿交替	矿化量 = 0.406 + 0.01 × 壶菌	89.6

4.6.2　定量解析关键因子对有机碳矿化的影响

基于本节之前的研究，将各大类（养分、土壤酶、微生物、真菌及细菌）分别挑选有机碳矿化量影响最为显著的因子，将识别出的因子在同一水平下进一步对有机碳矿化量的影响进行量化，并对影响因子的下一级影响因子进行量化。

从图 4-30 中可以看出，恒干条件下的 8 种影响因子（第一阶）对有机碳矿化量的直接贡献率分别为拟杆菌（0.020）、β- 木糖苷酶（0.020）、酶碳磷比（0.018）、全磷（0.018）、β-N- 乙酰氨基葡萄糖苷酶（0.017）、子囊菌（0.013）、AWCD（0.009）和氨基酸类（0.001）。由此可知，单一因子对有机碳矿化量的作用为 11.6%，因子之间的交互作用对有机碳矿化量的作用为 88.4%。养分类因子占比为 12.5%，土壤酶类因子占比为 37.5%，微生物类因子占比为 25.0%，真菌及细菌类因子占比为 25.0%。基于灰色关联分析方法将第一阶因子的影响因子作为因变量，选取前 4 位关联度最高的因子作为自变量，产生第二阶影响因子。影响第一阶因子的第二阶因子主要为全磷、β- 葡萄糖苷酶、酯类、拟杆菌、全氮、醇类、β-N- 乙酰氨基葡萄糖苷酶和鞭毛虫。将第二阶的 32 个因子进行整体分析可以发现，养分类因子占比为 18.7%，土壤酶类因子占比为 40.1%，微生物类因子占比为 21.8%，真菌及细菌类因子占比为 18.7%。

从图 4-31 中可以看出，恒湿条件下的 7 种影响因子（第一阶）对有机碳矿化量的直接贡献率分别为碳氮比（0.047）、AWCD（0.047）、酸杆菌（0.047）、酶碳磷比（0.046）、磷酸酶（0.038）、β- 葡萄糖苷酶（0.009）和糖类（0.006）。单一因子对有机碳矿化量的作用为 24%，因子之间的交互作用对有机碳矿化量的作用为 76%。养分类因子占比为 14.2%，土壤酶类因子占比为 42.8%，微生物类因子占比为 28.5%，真菌及细菌类因子占比为 14.2%。影响第一阶因子的第二阶因子主要为酶氮磷比、纤维素酶、拟杆菌、子囊菌、全氮、有机碳、氮磷比、酶碳磷比、死霉。将第二阶的 32 个因子进行整体分析可以发现，养分类因子占比为 17.8%，土壤酶类因子占比为 45.4%，微生物类因子占比为 3.5%，真菌及细菌类因子占比为 32.1%。

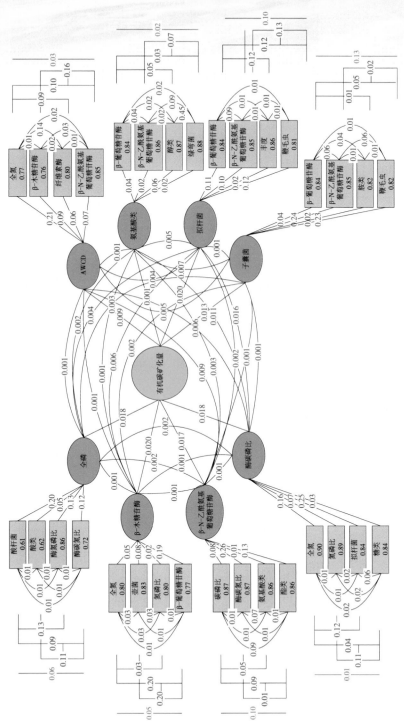

图 4-30　恒干条件下有机碳矿化作用关系

121

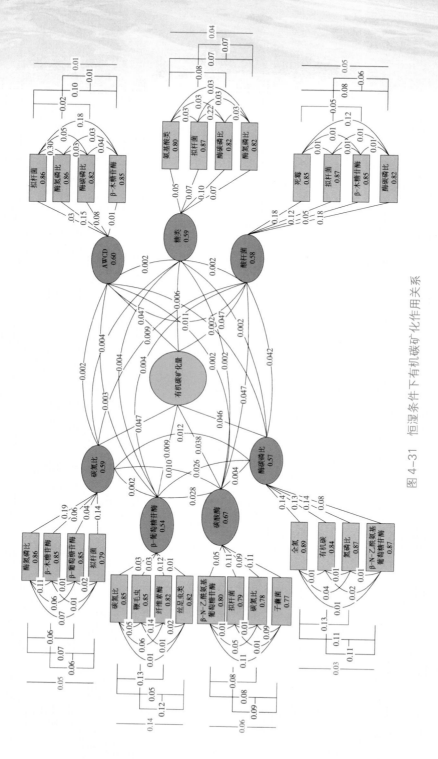

图 4-31 恒湿条件下有机碳矿化作用关系

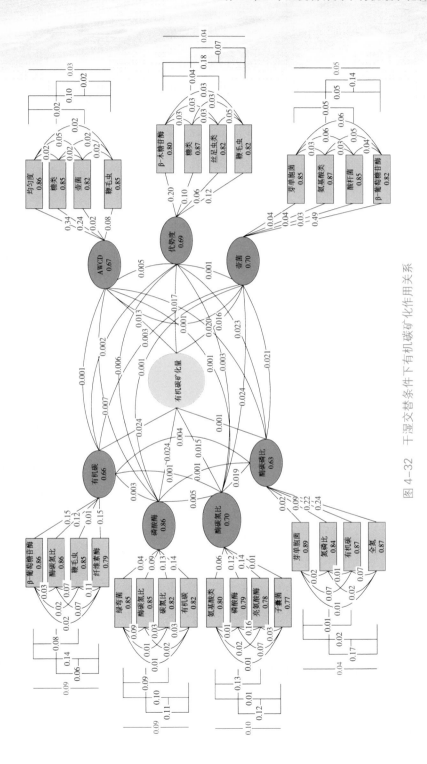

图 4-32　干湿交替条件下有机碳矿化作用关系

123

从图 4-32 中可以看出，干湿交替条件下的 7 种影响因子（第一阶）对有机碳矿化量的直接贡献率分别为有机碳（0.024）、磷酸酶（0.024）、壶菌（0.016）、优势度（0.017）、酶碳氮比（0.015）、AWCD（0.003）和酶碳磷比（0.001）。单一因子对有机碳矿化量的作用为 10%，因子之间的交互作用对有机碳矿化量的作用为 90%。养分类因子占比为 14.2%，土壤酶类因子占比为 42.8%，微生物类因子占比为 28.5%，真菌及细菌类因子占比为 14.2%。影响第一阶因子的第二阶因子主要为 β- 葡萄糖苷酶、纤维素酶、酶碳氮比、有机碳、碳氮比、亮氨酸酶、磷酸酶、全氮、β- 木糖苷酶、鞭毛虫、均匀度和糖类。将第二阶的 32 个因子进行整体分析可以发现，养分类因子占比为 17.8%，土壤酶类因子占比为 28.5%，微生物类因子占比为 17.8%，真菌及细菌类因子占比为 35.7%。

应用多元逐步线性回归分析法进一步查明第一阶影响因子与有机碳矿化的关系（表 4-10）。分析结果表明，恒干条件下拟杆菌和子囊菌是有机碳矿化量变化的最主要解释因子；恒湿条件下，碳氮比和 AWCD 是有机碳矿化量变化的最主要解释因子；干湿交替条件下，有机碳和微生物优势度是有机碳矿化量变化的最主要解释因子。

表 4-10　多元逐步线性回归分析结果

因变量	类型		系数	标准差	sig
有机碳矿化量	恒干	常数	526.872	20.447	0.000
		拟杆菌	0.059	0.000	0.000
		子囊菌	0.001	0.000	0.000
	恒湿	常数	5.134	0.264	0.003
		碳氮比	−0.155	0.003	0.000
		AWCD	−12.415	1.656	0.017
	干湿交替	常数	−1.462	0.083	0.003
		有机碳	0.411	0.009	0.000
		优势度	0.685	0.063	0.008

综合以上分析结果可知，当土壤长期处于缺水状态时（恒干），真菌及细菌对有机碳矿化量的解释程度显著高于其他因子，显然缺水状态下真菌及细菌群落特征的改变是引起有机碳矿化量改变的主要调控因子，这也在一定程度上说明真菌及细菌是有机碳矿化的关键"调控者"。与之相反的是，当土壤长期处于水淹的状态时（恒湿），土壤中不可被生物利用的有机质经过一系列非生物过程（如物理解吸、化学氧化和水解

等），慢慢转化为可被生物利用的有机质，而转化为生物可利用的有机质，使其被大量微生物快速矿化分解，最终导致有机碳矿化量发生改变。因此，恒湿条件下土壤养分和微生物群落活性成了有机碳矿化的关键"调控者"。当土壤经历反复的干湿交替过程时，土壤团聚体被反复的分离—聚合—分离，导致土壤有机碳失去土壤团聚体的保护作用，而被特有的微生物群落所分解（优势度增加），从而导致有机碳矿化"调控者"变为有机碳和优势度。

4.7　小结

本章针对坝地落淤过程中土壤存在的湿润—干燥交替现象，通过室内周期培养模拟试验，研究不同干湿交替次数条件下有机碳矿化速率和特征，对比分析土壤理化性质、细菌丰度、物种多样性、微生物群落组成与群落结构变化特征，明确有机碳矿化速率与土壤理化以及生物学性质之间的响应关系，阐明落淤过程中干湿交替对土壤有机碳矿化速率的影响，揭示干湿交替作用下有机碳矿化的主要影响因素及其作用机制，得到以下研究结果：

（1）干湿交替过程中干旱后湿润对土壤有机碳矿化的瞬时激发效应。培育周期内，在每次干湿循环的干旱期，随着干旱时间的延长，土壤有机碳矿化量快速降低。干旱在一定程度上抑制了土壤有机碳矿化。在反复干湿交替处理下，土壤结构受到破坏，土壤团聚体受到反复破坏作用而大量裂解，使得包裹在团聚体中的有机碳被释放出来，导致这部分有机碳失去原有的物理保护更易被微生物矿化分解而释放到大气中。

（2）干湿交替显著影响土壤有机碳和全氮含量，且随着干湿交替次数的增加，有机碳含量趋于稳定的状态。从酶活性的角度来看，干湿交替可以显著激发相关碳循环相关酶、氮循环相关酶和磷循环相关酶活性，但磷循环相关酶对水分的响应显著低于碳循环相关酶和氮循环相关酶。干湿交替相较于恒干和恒湿始终受到碳限制，且干湿交替循环次数越多碳限制越强烈，当干湿交替循环次数达到 3 次后，氮和磷的限制作用发生改变，在干湿交替循环次数 3 次之前，恒干、恒湿和干湿交替处理均受到磷的限制作用，在干湿交替循环次数 3 次之后，恒干、恒湿和干湿交替处理均受到氮的限制作用。

（3）干湿交替能增加土壤微生物的碳源利用能力，提高土壤碳的利用能力。由于干湿交替对土壤结构造成了破坏，能为土壤微生物提供较多的能源和养分，促进土壤微生物的活性和多样性。随着干湿交替次数的增加，土壤微生物对碳源的利用程度逐渐降低，且由开始的糖类、胺类和酸类共同主导逐渐演变为单一的酸类、酯类或醇类主导。

（4）变形菌（*Proteobacteria*）、放线菌（*Actinobacteria*）、酸杆菌（*Acidobacteria*）、拟杆菌（*Bacteroidetes*）、芽单胞菌（*Gemmatiomonadetes*）、绿弯菌（*Chloroflexi*）是恒干、恒湿以及干湿交替处理下细菌群落所占丰度较高的细菌门。子囊菌（*Ascomycota*）、被孢霉（*Mortierellomycota*）、壶菌（*Chytridiomycota*）、鞭毛虫（*Choanoflagellata*）和丝足虫类（*Cercozoa*）是恒干、恒湿以及干湿交替处理下真菌群落中所占丰度较高的真菌门。干湿交替处理能够显著激发土壤细菌和真菌活性。

（5）单一因子对有机碳矿化的影响显著低于多因子的交互作用对有机碳矿化的影响。恒干条件下，拟杆菌和子囊菌是有机碳矿化量变化的最主要解释因子；恒湿条件下，碳氮比和 AWCD 是有机碳矿化量变化的最主要解释因子；干湿交替条件下，有机碳和微生物优势度是有机碳矿化量变化的最主要解释因子。当土壤经历反复的干湿交替过程时，土壤团聚体被反复地分离—聚合—分离，导致土壤有机碳失去土壤团聚体的保护作用，而被特有的微生物群落所分解（优势度增加），从而导致有机碳矿化"调控者"变为有机碳和优势度。

第 5 章
淤积过程中土壤气体
环境改变对土壤有机碳矿化的作用

　　黄土丘陵区沟谷众多，地形破碎，是我国水土流失最严重的地区之一。为了控制水土流失，当地群众从自发建设到有组织建设，在沟道中大规模修建淤地坝，形成分布较为广泛的坝地。在淤积时间较长的坝地中，有机碳矿化存在长期效应（沉积剖面土壤氧气条件逐渐降低），因此在坝地形成的过程中，存在沉积剖面氧气浓度改变这种自然现象，并且会作用于坝地土壤，在改变土壤物理化学微生物等相关性质的同时，也使土壤有机碳矿化特征发生改变。根据氧气与微生物的关系，微生物可分为好氧微生物、厌氧微生物、兼性厌氧微生物和微好氧微生物 4 种。好氧微生物只能在有氧环境中生存生长，有时它们也被称为专性好氧微生物。大多数细菌属于好氧微生物，还包括一些放线菌、藻类、蓝藻和丝状真菌等（程吟文 等，2017）。一些好氧细菌适应低氧环境，而另一些则在特殊条件下发展成特殊物种。好氧菌与厌氧菌的比例以及细菌与真菌的比例随着土壤湿度和通风量的变化而变化。土壤的一些形态和生化特性（如土壤呼吸、微生物生物量、微生物群落结构和土壤酶活性等）被认为能及时、灵敏地反映土壤生态胁迫和环境变化情况（焦坤 等，2005）。在任何土壤微生物学的指标中，土壤酶活性最为关键，这主要是因为，土壤酶作为有机质矿化、养分循环以及能量转化等过程的主要参与者，与土壤质量的好坏以及生产力的高低联系紧密（Wu et al.，2004）。但截至目前，很少有研究关注水分及通气条件的差异对土壤酶活性的影响，在坝地的形成过程中，淤积深度的增加将极大地改变土壤中氧气浓度，而土壤微生物中好氧细菌—异养细菌的转变过程又会如何影响土壤有机碳矿化，这一课题在目前的研究中尚属空白。

　　本章结合坝地层状淤积剖面土壤气体浓度改变的实际情况，通过室内试验模拟坝地剖面土壤氧气浓度条件，开展土壤有机碳矿化培养试验，研究土壤从有氧到无氧环境转变过程中的土壤有机碳矿化的变化规律，分析氧气浓度变化过程中土壤理化性质、细菌丰度、物种多样性、微生物群落结构与组成变化特征，明确气体浓度改变对有机碳矿化速率的作用规律，探究坝地土壤气体环境改变对有机碳矿化的作用机理。

5.1 不同气体环境下土壤有机碳矿化特征

5.1.1 矿化量

坝地土壤在有氧条件和无氧条件下有机碳矿化量随时间的变化规律如图 5-1 所示。当土壤处于有氧条件时，从培养开始的第 1 天有机碳矿化量逐渐升高，直至第 9 天有机碳矿化量达到最大值（0.159 mg）。在 1~9 d 培养期，有机碳矿化量的增幅为 14.9%。随着培养时间的增加，有机碳矿化量逐渐降低直至培养结束。在 9~70 d 培养期，有机碳矿化量的降幅为 30.8%。当土壤处于无氧条件时，从培养开始的第 1 天有机碳矿化量缓慢升高，直至第 5 天有机碳矿化量达到最大值（0.149 mg）。在 1~5 d 培养期，有机碳矿化量的增幅仅为 8.8%。随着培养时间的增加，有机碳矿化量快速降低，直至培养的第 25 天，降幅达到 52.0%。之后有机碳矿化量趋于平稳的状态，直至培养结束。当土壤由有氧环境改变为无氧环境时，有机碳矿化量的最大值出现的时间会前移，由有氧条件下的 9 d 提前为无氧条件下的 5 d，且有氧条件下的有机碳矿化量在培养期的任何阶段均高于无氧条件下的有机碳矿化量。

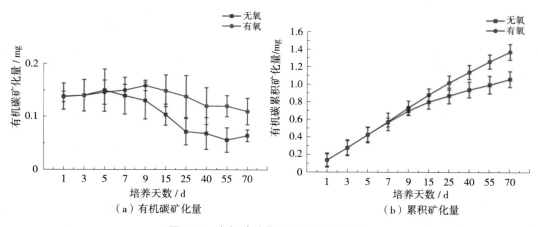

图 5-1 有机碳矿化量以及累积矿化量

有氧条件和无氧条件下土壤有机碳矿化累积量在培养的前 7 d 基本处于持平的状态，增幅分别为 3.11% 和 3.15%。但自此后，有氧条件下的有机碳矿化累积量始终高于无氧条件（图 5-1）。从培养开始直至培养结束，有氧条件下的有机碳累积矿化量为 1.37 mg，而无氧条件下的有机碳累积矿化量为 1.06 mg，有氧条件下的有机碳累积矿化量是无氧条件有机碳累积矿化量的 1.29 倍。

5.1.2　矿化速率

在有氧条件和无氧条件下的土壤有机碳矿化速率变化规律基本相同（图 5-2）。由图 5-2 可知，在整个培养期内，第 1 天、第 3 天、第 9 天和第 70 天为比较重要的 4 个时间节点。培养开始阶段（1 d）土壤有机碳矿化速率均达到最大，分别为 2.75 mg/（kg soil·d）（无氧）和 2.76 mg/（kg soil·d）（有氧），之后迅速降低（3 d），降低幅度分别为 32.7% 和 32.9%。在 3～9 d 培养阶段，有机碳矿化速率呈缓慢降低的趋势，随着培养时间的增加（9～70 d），有机碳矿化速率快速降低直至培养结束。在培养的最终时间（70 d），有机碳矿化速率分别为 0.303 mg/（kg soil·d）（无氧）和 0.391 mg/（kg soil·d）（有氧）。在整个培养期内有机碳矿化速率降幅分别为 88.9% 和 85.8%。

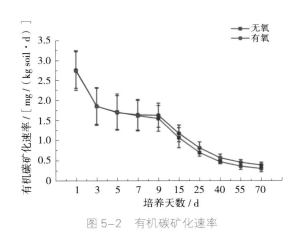

图 5-2　有机碳矿化速率

5.1.3　矿化比

从表 5-1 中可以看出，处于有氧条件和无氧条件时，土壤有机碳矿化比有显著的影响（$P<0.05$）。当土壤处于有氧环境时，有机碳矿化比显著高于无氧环境，且有氧

条件下的有机碳矿化比是无氧条件下有机碳矿化比的 1.13 倍。

表 5-1　有机碳矿化比

处理类型	矿化比 /（g CO$_2$–C/g SOC）
无氧	0.000 44±0.000 09a
有氧	0.000 50±0.000 13b

注：不同小写字母表明不同处理之间有机碳矿化比存在显著差异（$P<0.05$）。

5.1.4　矿化潜力

将培养时间与土壤有机碳累积矿化量通过一级动力学方程进行拟合，拟合结果较好，拟合 R^2 为 0.97～0.98，结果见表 5-2。无氧条件下的有机碳矿化潜力为 2.57 mg，有氧条件下的有机碳矿化潜力为 1.25 mg，无氧条件下有机碳矿化潜力是有氧条件下的 2.06 倍。

表 5-2　有机碳矿化潜力

类型	有机碳矿化潜力 (Cp)/mg	有机碳矿化速率常数 (k)/d^{-1}	R^2
无氧	2.57	0.04	0.98
有氧	1.25	0.11	0.97

5.2　不同气体环境下土壤养分特征

5.2.1　有机碳

从图 5-3 中可以看出，土壤在有氧条件和无氧条件下培养 70 d 后，土壤有机碳含量未表现出显著性差异（$P>0.05$）。在整个培养周期内，土壤在有氧条件下有机碳含量平均值为 1.55 g/kg，无氧条件下有机碳含量平均值为 1.52 g/kg。在培养周期内的各个时期，有氧条件下和无氧条件下的有机碳含量均未表现出显著性差异，且有机碳含量整体变化较为平稳，未出现突然增高或降低的变化。由此也说明，有机碳含量的变化是一个长期的过程，无氧条件虽然可能导致有机碳含量的降低，但未通过相关的统计分析检验。

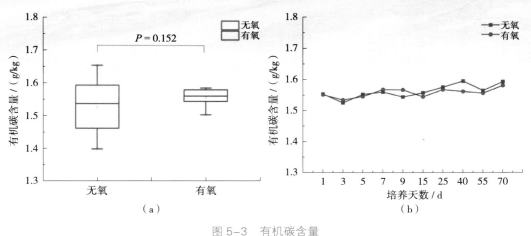

图 5-3　有机碳含量

注：$P > 0.05$ 表示两者无显著差异。

5.2.2　全氮

土壤在有氧条件和无氧条件下全氮含量随时间的变化情况如图 5-4 所示。土壤在有氧条件下全氮含量平均值为 0.143 g/kg，无氧条件下全氮含量平均值为 0.142 g/kg，但有氧条件和无氧条件下土壤全氮含量未表现出显著性差异（$P > 0.05$）。在培养的 70 d 内，有氧条件和无氧条件下全氮含量在培养的前 5 d 表现出略微增加，随后呈缓慢降低的趋势。在培养周期内的各个时期，有氧条件下和无氧条件下的全氮含量均未表现出显著性差异（$P > 0.05$）。

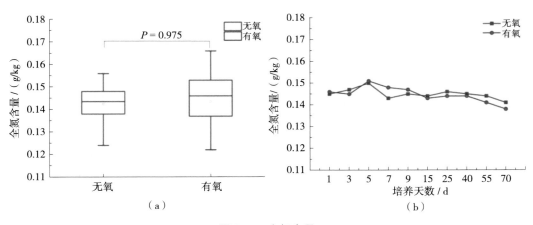

图 5-4　全氮含量

注：$P > 0.05$ 表示两者无显著差异。

5.2.3　全磷

土壤在有氧条件下全磷含量平均值为 0.156 mg/kg，土壤在无氧条件下全磷含量平均值为 0.157 mg/kg，土壤全磷含量未表现出显著性差异（$P>0.05$）（图 5-5）。土壤在 70 d 的培养周期内，有氧条件和无氧条件下土壤全磷的变化呈现出波动降低的趋势，但在培养周期内的各个时期，有氧条件下和无氧条件下的全磷含量均未表现出显著性差异（$P>0.05$）。

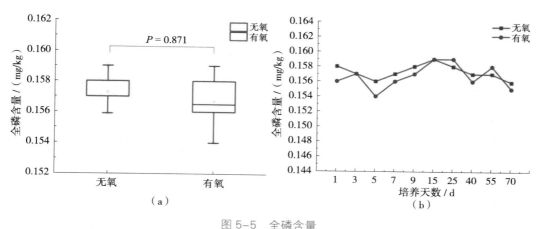

图 5-5　全磷含量

注：$P>0.05$ 表示两者无显著差异。

5.2.4　化学计量学特征

从表 5-3 中可以看出，在整个培养期内，有氧条件下和无氧条件下的化学计量特征未表现出显著性差异性（$P>0.05$）。

表 5-3　化学计量学特征

阶段	化学计量特征		
	C/N	C/P	N/P
无氧	10.78±0.28A	9.93±0.16A	0.92±0.02A
有氧	10.77±0.33A	9.94±0.14A	0.92±0.03A

注：不同大写字母表明不同处理之间有机碳矿化比存在显著差异（$P<0.05$）。

5.3　不同气体环境下土壤酶活性特征

5.3.1　碳循环相关酶系

土壤在有氧条件和无氧条件下碳循环相关酶活性随时间的变化规律如图 5-6 所示。β- 木糖苷酶随着培养时间的增加酶活性逐渐降低，而 β- 葡萄糖苷酶和纤维素酶则随着培养时间的增加酶活性呈现出先增加后降低的变化规律。在氧气限制的条件下，土壤酶主要以 β- 葡萄糖苷酶为主，其次为纤维素酶，最后为 β- 木糖苷酶，但不同碳循环相关酶对培养时间以及不同培养条件的响应存在差异。有氧条件和无氧条件下 β- 葡萄糖苷酶在培养周期内的第 25 天均达到最大值，分别为 0.008 9 mol/（g·h）和 0.006 6 mol/（g·h）。以培养的第 25 天为整个培养周期的分界线，从培养开始到第 25 天，有氧条件和无氧条件下 β- 葡萄糖苷酶的增加幅度分别为 300% 和 127%。从第 25 天直至培养结束，有氧条件和无氧条件下 β- 葡萄糖苷酶的降低幅度分别为 87.8% 和 96.1%。在整个培养周期内的各阶段，有氧条件下的 β- 葡萄糖苷酶活性均高于无氧条件。有氧条件下纤维素酶活性在培养的第 9 天达到最大值［0.002 7 mol/（g·h）］，并以第 9 天为有氧条件的分界线，从培养开始到第 9 天，纤维素酶的增加幅度为 68.0%，从第 9 天直至培养结束，纤维素酶的降低幅度为 76.8%。无氧条件下纤维素酶在培养的第 5 天就达到最大值［0.002 3 mol/（g·h）］，在培养开始到第 5 天纤维素酶的增加幅度为 157.1%，从第 5 天直至培养结束，纤维素酶的降低幅度为 97.0%。在培养前 7 d，有氧条件和无氧条件下纤维素酶活性较为接近，但随着培养时间的继续增加，无氧条件下的纤维素酶活性急剧降低且与有氧条件下的纤维素酶水平逐渐拉远。整体来看，有氧条件下纤维素酶活性在培养周期内的各阶段均高于无氧条件下的纤维素酶活性。有氧条件和无氧条件下 β- 木糖苷酶活性从培养开始分别以 21.3% 和 11.8% 的增加幅度增加到培养的第 5 天达到最大值，之后随着培养时间的增加 β- 木糖苷酶活性在有氧条件和无氧条件下分别以 84.3% 和 89.7% 的幅度逐渐降低。有氧条件下 β- 木糖苷酶活性在培养周期内的各阶段均高于无氧条件下的 β- 木糖苷酶活性。

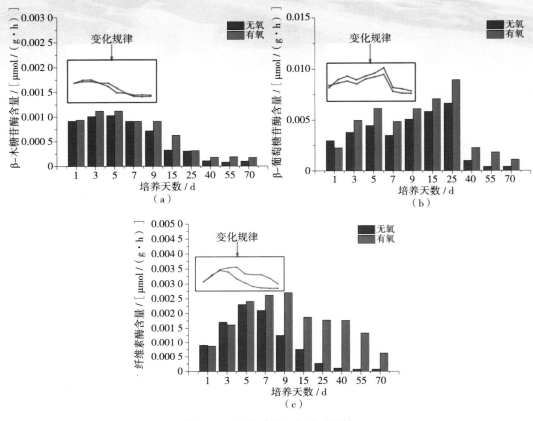

图 5-6　土壤碳循环相关酶活性

综上所述，当土壤处于有氧条件下土壤碳循环相关酶活性均高于无氧条件下的土壤碳循环相关酶活性。有氧条件和无氧条件下，β- 木糖苷酶活性在培养的第 5 天达到最大值，β- 葡萄糖苷酶在培养的第 25 天达到最大值，而有氧条件下的纤维素酶活性在第 9 天达到最大值，无氧条件下的纤维素酶则在第 5 天达到最大值。由此说明，不同碳循环相关酶活性达到最大值对培养时间的响应存在差异。

5.3.2　氮循环相关酶系

土壤在有氧条件和无氧条件下氮循环相关酶活性随时间的变化规律如图 5-7 所示。整体来看，在有氧条件和无氧条件下的土壤氮循环相关酶主要以亮氨酸酶为主，且随着培养时间的增加，氮循环相关酶活性均呈现先增加后降低的规律。有氧条件和无氧条件下亮氨酸酶在培养周期内的第 5 天均达到最大值，分别为 0.197 mol/（g·h）和

0.174 mol/（g·h）。以培养的第 5 天为整个培养周期的分界线，从培养开始到第 5 天，有氧条件和无氧条件下亮氨酸酶的增加幅度分别为 61.0% 和 81.5%。从第 5 天直至培养结束，有氧条件和无氧条件下土壤亮氨酸酶的降低幅度分别为 92.2% 和 96.2%。有氧条件下土壤亮氨酸酶活性在培养周期内的各阶段均高于无氧条件下的亮氨酸酶活性。有氧条件下土壤 β-N- 乙酰氨基葡萄糖苷酶活性在第 9 天达到最大值［0.002 8 mol/（g·h）］，增加幅度为 35.0%，之后随着时间的增加，土壤 β-N- 乙酰氨基葡萄糖苷酶活性逐渐降低，降低幅度为 65.3%。无氧条件下土壤 β-N- 乙酰氨基葡萄糖苷酶活性在第 7 天达到最大值［0.002 6 mol/（g·h）］，增加幅度为 20.1%，之后随着时间的增加，土壤 β-N- 乙酰氨基葡萄糖苷酶活性逐渐降低，降低幅度为 72.3%。有氧条件下土壤 β-N- 乙酰氨基葡萄糖苷酶活性在培养周期内的各阶段均高于无氧条件下的土壤 β-N- 乙酰氨基葡萄糖苷酶活性。综上所述，当土壤处于有氧条件时土壤氮循环相关酶活性均高于无氧条件下的土壤氮循环相关酶活性。

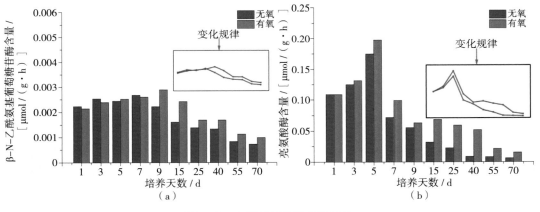

图 5-7　土壤氮循环相关酶活性

5.3.3　磷循环相关酶系

　　土壤在有氧条件和无氧条件下磷循环相关酶活性随时间的变化规律如图 5-8 所示。磷循环相关酶活性随着培养时间的增加未出现较为明显的最大值，但是在培养 25 d 之后，磷循环相关酶活性出现降低的变化趋势直至培养结束。有氧条件和无氧条件下土壤磷循环相关酶在整个培养周期内的不同时期均未表现出显著性差异，这也表明土壤氧气浓度对土壤磷循环相关酶的影响较小。

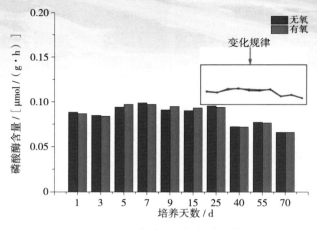

图 5-8　土壤磷循环相关酶活性

5.3.4　酶计量学特征

由图 5-9（a）可知，有氧条件下（BG+EC+EG）∶（LAP+NAG）值显著高于无氧条件（$P<0.05$），且有氧条件下（BG+EC+EG）∶（LAP+NAG）值是无氧条件下相应值的 1.53 倍。有氧条件和无氧条件下的（BG+EC+EG）∶AP 则未表现出显著性差异（$P>0.05$），整体为 2.03～2.10［图 5-9（b）］。（LAP+NAG）∶AP 值整体为 0.98～1.56，有氧条件下的（LAP+NAG）∶AP 值显著高于无氧条件下的（LAP+NAG）∶AP 值（$P<0.05$）［图 5-9（c）］，且有氧条件下（LAP+NAG）∶AP 值是无氧条件下的 1.58 倍。

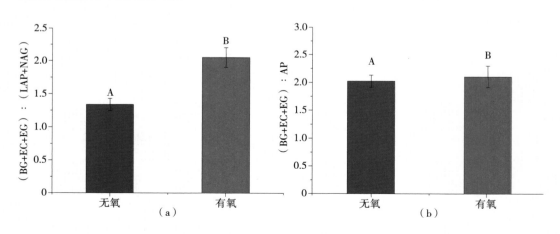

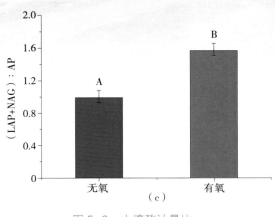

图 5-9　土壤酶计量比

注：图中大写字母表示有氧—无氧条件下酶计量比差异达到显著性水平（$P<0.05$）。

　　土壤酶化学计量的向量特征在有氧条件和无氧条件培养中所表现出的特征见表 5-4。无氧条件的向量长度大于有氧条件，表明无氧条件下土壤受到 C 限制的作用要大于有氧条件。整体来看，有氧条件和无氧条件下向量长度均较低，也表明 C 限制的作用对有氧和无氧的影响较为微弱。无氧条件的向量角度小于有氧条件的向量角度且整体的向量角度始终小于 45°，表明有氧条件和无氧条件下土壤微生物始终受到 P 的限制作用，但有氧条件受到 P 的限制作用要比无氧条件受到 P 的限制作用高。

表 5-4　土壤酶化学计量的向量长度和角度变化

阶段	向量长度	向量角度 / (°)
无氧	0.069	6.79
有氧	0.062	21.24

5.4　不同气体环境下土壤微生物群落特征

5.4.1　板孔平均颜色变化率

　　在有氧条件和无氧条件下土壤微生物群落对碳源利用能力随培养时间的变化规律如图 5-10 所示。在每个培养周期内，随着培养时间的增加 AWCD 值也增加，土壤微生物对碳源的利用能力也随之增加。在整个培养周期内（0～70 d），各淤积阶段的

AWCD 值在培养的第 5 天达到最大值。在培养的第 1 天，有氧条件和无氧条件下土壤微生物对碳源的利用能力相近。之后 AWCD 值迅速升高，并在培养的第 5 天达到最大值，也表明此时土壤微生物对碳源的利用能力达到最高。随着培养时间的增加，在有氧条件和无氧条件下 AWCD 值逐渐降低，在培养的第 70 天，AWCD 值达到最低。除培养的开始阶段（1 d），有氧条件和无氧条件下的 AWCD 值较为接近，在其余的阶段内，有氧条件下的土壤微生物对碳源的利用能力在单个培养周期内（1～7 d），经历 4 d 后有氧条件的 AWCD 值逐渐高于无氧条件。

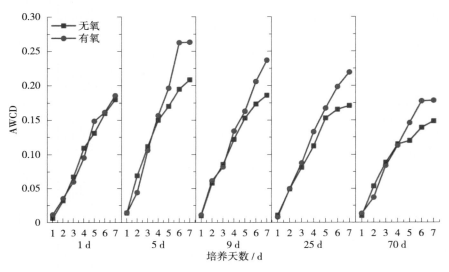

图 5-10　土壤微生物吸光值 AWCD

5.4.2　不同类型碳源的利用强度

有氧条件和无氧条件下土壤微生物对氨基酸类碳源的利用程度要高于其他碳源类型（图 5-11）。有氧条件和无氧条件下土壤微生物随着培养时间的增加，对各碳源的利用程度存在差异。

糖类碳源：有氧条件下土壤微生物随着培养时间的增加对糖类碳源的利用程度呈现出先增加（1～25 d）之后急剧降低（25～70 d）的变化规律，而无氧条件下土壤微生物在培养的第 5 天对糖类碳源的利用能力达到最大值，之后逐渐降低，且有氧条件下的 AWCD 值在培养 5 天后均高于无氧条件。

氨基酸类碳源：有氧条件下土壤微生物随着培养时间的增加对糖类碳源的利用程

度呈现出先增加（1～9 d）之后急剧降低，到第 25 天之后缓慢下降的变化规律，而无氧条件下土壤微生物在培养的第 5 天对糖类碳源的利用能力达到最大值，之后逐渐降低直至培养结束。有氧条件下土壤微生物对氨基酸类碳源的利用能力在培养的各周期内基本高于无氧条件。

酯类碳源：有氧条件下土壤微生物对酯类碳源的利用能力呈现出先降低再增加再降低的变化规律，而无氧条件下土壤微生物对酯类碳源的利用能力则随着培养时间的增加逐渐降低，且有氧条件下对酯类碳源的利用能力始终高于无氧条件。

醇类碳源：有氧条件和无氧条件下土壤微生物对醇类碳源的利用能力随着培养时间的增加逐渐降低，在培养的前 9 d，有氧条件高于无氧条件对醇类碳源的利用能力，在培养 9 d 后，无氧条件高于有氧条件对醇类碳源的利用能力。

胺类碳源：有氧条件下土壤微生物对胺类碳源的利用能力在培养的第 5 天急剧上升之后又急剧降低直至培养结束，而无氧条件下在第 5 天有微弱的上升之后又开始降低，且有氧条件下土壤微生物对胺类碳源的利用能力始终高于无氧条件。

酸类碳源：有氧条件下土壤微生物对酸碳源的利用能力呈现出先增加（5 d）再降低的变化规律，有氧条件下土壤微生物对酸碳源的利用能力呈现出先增加（9 d）再降低的变化规律。

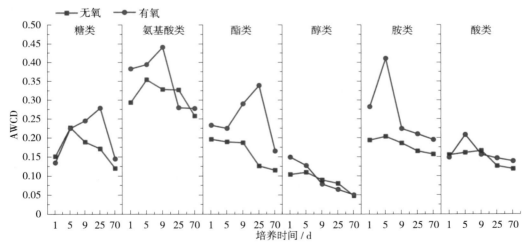

图 5-11　土壤微生物群落对不同碳源利用的变化特征

5.4.3　土壤微生物群落多样性指数

有氧条件和无氧条件下土壤微生物群落均匀度见表 5-5。无氧条件下土壤微生物随着培养时间的增加群落均匀度也逐渐增加，增加幅度为 27.9%。有氧条件下土壤微生物随着培养时间的增加群落均匀度则逐渐降低，降低幅度为 34.3%。在培养的开始阶段（1 d），有氧条件下的微生物均匀度是无氧条件下的 1.45 倍，到培养的最后阶段（70 d），有氧条件下的微生物均匀度是无氧条件下的 0.74 倍。

表 5-5　土壤微生物群落均匀度

阶段	1 d	5 d	9 d	25 d	70 d
无氧	1.18	1.25	1.39	1.47	1.51
有氧	1.72	1.60	1.48	1.42	1.13

有氧条件和无氧条件下土壤微生物群落丰度见表 5-6。无氧条件下土壤微生物随着培养时间的增加群落丰度缓慢增加，增加幅度仅为 0.6%。有氧条件下土壤微生物随着培养时间的增加群落丰度则逐渐降低，降低幅度为 7.4%。在培养的开始阶段（1 d），有氧条件下的微生物丰度是无氧条件下的 1.01 倍，到培养的最后阶段（70 d），有氧条件下的微生物丰度是无氧条件的 0.93 倍。

表 5-6　土壤微生物群落丰度

阶段	1 d	5 d	9 d	25 d	70 d
无氧	3.16	3.16	3.18	3.18	3.18
有氧	3.22	3.19	3.17	3.16	2.98

有氧条件和无氧条件下土壤微生物群落优势见表 5-7。无氧条件下土壤微生物随着培养时间的增加群落优势度逐渐降低，降低幅度为 59.3%。有氧条件下土壤微生物随着培养时间的增加群落丰富度则逐渐升高，增加幅度为 124%。在培养的开始阶段（1 d），有氧条件下的微生物优势度是无氧条件下的 0.42 倍，到培养的最后阶段（70 d），有氧条件下的微生物优势度是无氧条件下的 2.33 倍。

表 5-7　土壤微生物群落优势度

阶段	1 d	5 d	9 d	25 d	70 d
无氧	0.59	0.47	0.35	0.31	0.24
有氧	0.25	0.28	0.31	0.42	0.56

5.4.4　土壤微生物群落主成分分析

对有氧条件和无氧条件下土壤的 Biolog-ECO 微平板上的 31 种碳源底物利用情况进行主成分分析。主成分的提取原则是相对应特征值大于 1 的前 m 个主成分，据此原则，有氧条件对土壤碳源底物利用情况共提取 5 个主成分（图 5-12），无氧条件对土壤碳源底物利用情况共提取 4 个主成分，累积贡献率达到 100%。无氧条件下，第一主成分（PC-1）和第二主成分（PC-2）分别占贡献率的 40.5% 和 25.5%；有氧条件下，第一主成分（PC-1）和第二主成分（PC-2）分别占贡献率的 39.2% 和 28.1%。

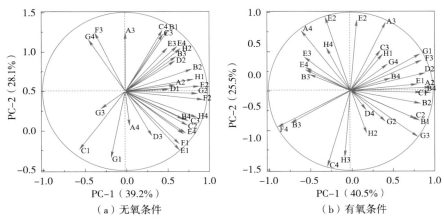

（a）无氧条件　　　　　　　　　　（b）有氧条件

图 5-12　主成分荷载图

无氧条件下 31 种碳源的主成分载荷因子见表 5-8，集中在 PC-1 上主要有 21 种碳源，它们决定了 PC-1 的变异，其中糖类碳源占 28.5%，在糖类碳源中，D- 木糖、a-D-乳糖，β- 甲基 -D- 葡萄糖苷、葡萄糖 -1- 磷酸盐、a- 环状糊精和肝糖占主导地位；氨基酸类和酸类碳源各占 19.0%，在氨基酸类碳源中，L- 天冬酰胺酸、L- 丝氨酸、L- 苏氨酸和甘氨酰 -L- 谷氨酸占主导地位；在酸类碳源中，D- 半乳糖醛酸、D- 氨基葡萄糖酸、2- 羟苯甲酸和 r- 羟基丁酸占主导地位；醇类碳源占 14.2%，在醇类碳源中，I- 赤藻糖醇、D- 甘露醇和 D,L-a- 甘油占主导地位；酯类和胺类碳源各占 9.5%，在酯类碳源中，丙酮酸甲酯和吐温 80 占主导地位；在胺类碳源中，腐胺和 N- 乙酰基 -D- 葡萄胺占主导地位。可见影响 PC-1 的主要为糖类碳源。决定 PC-2 变异的主要碳源有 9 种，分别为氨基酸类（L- 丝氨酸、L- 苏氨酸），酯类（丙酮酸甲酯、D- 半乳糖酸 γ 内酯），醇类（D,L-a- 甘油），胺类（苯乙基胺）和酸类（r- 羟基丁酸、衣康酸、D- 苹果酸）。

表 5-8　无氧状态下 31 种碳源的主成分载荷因子

序号	碳源类型	PC-1	PC-2	序号	碳源类型	PC-1	PC-2
B1	丙酮酸甲酯	0.516	0.791	F2	D-氨基葡萄糖酸	0.949	-0.106
C1	吐温 40	-0.561	-0.733	C3	2-羟苯甲酸	0.764	-0.372
D1	吐温 80	0.530	0.029	D3	4-羟基苯甲酸	0.320	-0.557
B2	D-木糖	0.808	0.290	E3	r-羟基丁酸	0.511	0.563
H1	a-D-乳糖	0.828	0.157	F3	衣康酸	-0.373	0.755
A2	β-甲基 D-葡萄糖苷	0.608	0.085	G3	a-丁酮酸	-0.297	-0.219
G2	葡萄糖-1-磷酸盐	0.879	-0.027	H3	D-苹果酸	0.456	0.734
E1	a-环状糊精	0.655	-0.746	A4	L-精氨酸	0.052	-0.425
F1	肝糖	0.653	-0.669	B4	L-天冬酰胺酸	0.715	-0.357
C2	I-赤藻糖醇	0.758	-0.425	C4	L-苯基丙氨酸	0.447	0.784
D2	D-甘露醇	0.590	0.400	D4	L-丝氨酸	0.702	-0.526
G4	苯乙基胺	-0.444	0.664	E4	L-苏氨酸	0.627	0.580
B3	D-半乳糖醛酸	0.612	0.453	F4	甘氨酰-L-谷氨酸	0.735	-0.525
G1	D-纤维二糖	-0.171	-0.831	H4	腐胺	0.873	-0.330
H2	D,L-a-甘油	0.665	0.552	E2	N-乙酰基-D-葡萄胺	0.900	0.068
A3	D-半乳糖酸 γ 内酯	-0.006	0.756	—	—	—	—

　　有氧条件下 31 种碳源的主成分载荷因子见表 5-9，集中在 PC-1 上主要有 12 种碳源，它们决定了 PC-1 的变异，其中糖类碳源占 41.6%，D-木糖、a-D-乳糖、β-甲基 D-葡萄糖苷、a-环状糊精和 D-纤维二糖占主导地位；酯类碳源占 25%，丙酮酸甲酯、吐温 40 和吐温 80 占主导地位；醇类和酸类占 16.6%，醇类碳源中，I-赤藻糖醇和 D-甘露醇占主导地位；酸类碳源中，衣康酸和 a-丁酮酸占主导地位。可见影响 PC-1 的主要为糖类碳源。决定 PC-2 变异的主要碳源有 5 种，分别为氨基酸类（L-精氨酸），酯类（D-半乳糖酸 γ 内酯），胺类（腐胺、N-乙酰基-D-葡萄胺）和酸类（D-氨基葡萄糖酸）。

表 5-9　有氧状态下 31 种碳源的主成分载荷因子

序号	碳源类型	PC-1	PC-2	序号	碳源类型	PC-1	PC-2
B1	丙酮酸甲酯	0.837	-0.376	F2	D-氨基葡萄糖酸	-0.304	0.941
C1	吐温 40	0.866	-0.027	C3	2-羟苯甲酸	0.360	0.520

序号	碳源类型	PC–1	PC–2	序号	碳源类型	PC–1	PC–2
D1	吐温 80	0.973	-0.020	D3	4- 羟基苯甲酸	-0.731	-0.407
B2	D- 木糖	0.853	-0.166	E3	r- 羟基丁酸	-0.563	0.434
H1	a-D- 乳糖	0.393	0.467	F3	衣康酸	0.858	0.396
A2	β- 甲基 D- 葡萄糖苷	0.976	0.040	G3	a- 丁酮酸	0.814	-0.580
G2	葡萄糖 -1- 磷酸盐	0.426	-0.387	H3	D- 苹果酸	-0.069	-0.835
E1	a- 环状糊精	0.818	0.081	A4	L- 精氨酸	-0.598	0.769
F1	肝糖	-0.547	0.272	B4	L- 天冬酰胺酸	0.485	0.160
C2	I- 赤藻糖醇	0.785	-0.341	C4	L- 苯基丙氨酸	-0.279	-0.944
D2	D- 甘露醇	0.908	0.232	D4	L- 丝氨酸	0.192	-0.245
G4	苯乙基胺	0.448	0.346	E4	L- 苏氨酸	-0.540	0.301
B3	D- 半乳糖醛酸	-0.497	0.215	F4	甘氨酰 -L- 谷氨酸	-0.884	-0.453
G1	D- 纤维二糖	0.846	0.472	H4	腐胺	-0.287	0.551
H2	D,L-a- 甘油	0.192	-0.535	E2	N- 乙酰基 -D- 葡萄胺	0.079	0.906
A3	D- 半乳糖酸 γ 内酯	0.428	0.875	—	—	—	—

综上所述，不论是有氧条件还是无氧条件下，微生物利用的碳源主要是以糖类碳源为主，且有氧条件和无氧条件土壤微生物对碳源利用的种类也存在较大的差异。

5.4.5　土壤微生物生理碳代谢指纹图谱

有氧条件和无氧条件下的碳代谢指纹图谱如图 5-13 所示。有氧条件相比无氧条件下的碳代谢能力更高，有氧条件下在指纹图谱中除 B1（丙酮酸甲酯），C1（吐温 40），D1（吐温 80），E1（a- 环状糊精），G1（D- 纤维二糖），F2（D- 氨基葡萄糖酸），B4（L- 天冬酰胺酸）和 D4（L- 丝氨酸）外，其他类型对碳源的利用程度更高。无氧条件下在指纹图谱中 B1（丙酮酸甲酯），C1（吐温 40），D1（吐温 80），E1（a- 环状糊精），G1（D- 纤维二糖），F2（D- 氨基葡萄糖酸），B4（L- 天冬酰胺酸），D4（L- 丝氨酸）对碳源的利用程度更高。可以发现，无氧条件和有氧条件下碳代谢能力正好存在相反的规律，在无氧条件中碳代谢能力高的微生物，在有氧条件下代谢能力变弱；在无氧条件中碳代谢能力低的微生物，在有氧条件下代谢能力变强。

B1 C1 D1 B2 H1 A2 G2 E1 F1 C2 D2 G4 B3 G1 H2 A3 F2 C3 D3 E3 F3 G3 H3 A4 B4 C4 D4 E4 F4 H4 E2

图 5-13　碳代谢指纹图谱

5.5　不同气体环境下土壤细菌及真菌分布特征

5.5.1　细菌

5.5.1.1　土壤细菌稀释曲线

本书以 338F-806R 为引物，采用 MiSeq 高通量测序技术对有氧条件和无氧条件下的土壤细菌群落进行测序，共获得 683 164 个有效序列。细菌的 Coverage 指数为 0.95～0.98，细菌稀释曲线趋于稳定（图 5-14），说明测序深度足够覆盖大部分细菌。

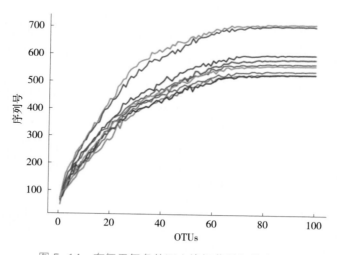

图 5-14　有氧无氧条件下土壤细菌稀释曲线分析

5.5.1.2　土壤细菌群落

高通量测序数据分析显示在门水平下（图 5-15），无氧条件下的变形菌（*Proteoba-*

cteria）和厚壁菌（*Firmicutes*）是细菌群落所占丰度较高的细菌门。其中，变形菌丰度随着培养时间的增加逐渐降低，由 3 d 的 90.52% 降低为 70 d 的 46.32%，而厚壁菌则随着培养时间的增加而逐渐增加，由 3 d 的 0.13% 增加为 70 d 的 49.45%。从另一方面讲，厚壁菌在无氧条件下更容易逐渐发展为土壤的优势种群。在有氧条件下，变形菌（*Proteobacteria*）、放线菌（*Actinobacteria*）、拟杆菌（*Bacteroidetes*）、芽单胞菌（*Gemmatimonadetes*）、绿弯菌（*Chloroflexi*）和浮霉菌（*Planctomycetes*）是有氧处理下细菌群落所占丰度较高的细菌门，其平均相对丰度变化范围分别为 37.58%～48.96%、8.49%～22.69%、3.16%～5.00%、7.91%～11.81%、5.68%～6.74% 和 4.93%～5.95%。其中，变形菌、类杆菌和芽单胞菌随着培养时间的增加，相对丰度逐渐降低，而放线菌则随着培养时间的增加，丰度逐渐增加。当土壤由有氧状态逐渐转变为无氧状态时，硝化螺旋菌、棒状杆菌和奇古菌逐渐消失，取而代之是酸杆菌、蓝藻和拟杆菌。

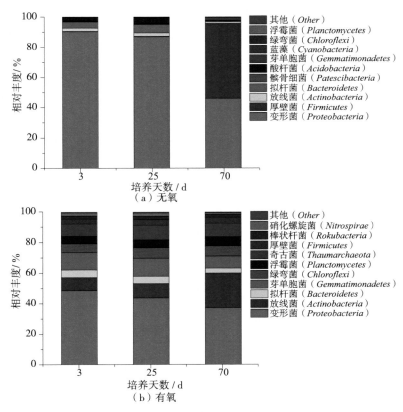

图 5-15　门水平下细菌相对丰度

从图 5-16 中可以看出，在纲水平下，γ- 变形菌（*Gammaproteobacteria*）、α- 变形菌（*Alphaproteobacteria*）、梭状芽孢杆菌（*Clostridia*）、拟杆菌（*Bacteroidia*）和放线菌（*Actinobacteria*）是无氧处理下细菌群落所占丰度较高的细菌门，其平均相对丰度变化范围分别为 29.81%~41.52%、14.15%~53.94%、0.07%~54.49%、0.58%~5.69% 和 0.58%~1.80%。其中，γ- 变形菌、α- 变形菌和拟杆菌丰度随着培养时间的增加逐渐降低，梭状芽孢杆菌则随着培养时间的增加而逐渐增加。无氧条件下，梭状芽孢杆菌更容易逐渐发展为土壤的优势种群。γ- 变形菌（*Gammaproteobacteria*）、α- 变形菌（*Alphaproteobacteria*）、放线菌（*Actinobacteria*）、拟杆菌（*Bacteroidia*）、芽单胞菌（*Gemmatimonadetes*）和 δ- 变形菌（*Deltaproteobacteria*）是有氧处理下细菌群落所占丰度较高的细菌门，其平均相对丰度变化范围分别为 22.85%~34.00%、15.64%~20.00%、5.21%~22.26%、3.92%~6.20%、9.47%~14.53% 和 8.21%~8.40%。其中，放线菌随着培养时间的增加而逐渐增加。当土壤由有氧状态逐渐转变为无氧状态时，芽单胞菌、δ- 变形菌、亚硝基球菌和浮霉菌逐渐消失，梭状芽孢杆菌、糖单胞菌、嗜热菌和蓝藻逐渐出现。

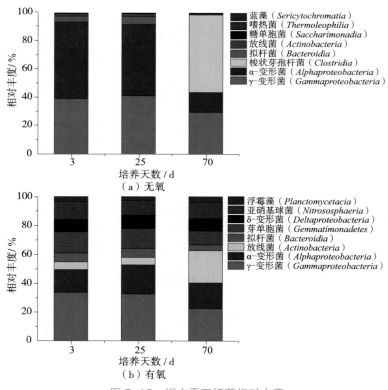

图 5-16　纲水平下细菌相对丰度

目水平下（图 5-17），β- 变形菌（*Betaproteobacteriales*）、鞘氨醇单胞菌（*Sphingomonadales*）、黄单胞菌（*Xanthomonadales*）、根瘤菌（*Rhizobiales*）和假单胞菌（*Pseudomonadales*）是无氧处理下细菌群落所占丰度较高的细菌目，它们平均相对丰度分别为 47.54%、33.12%、4.14%、10.12% 和 1.19%。其中，β- 变形菌和假单胞菌丰度随着培养时间的增加逐渐增加，鞘脂单胞菌、黄色单胞菌和根瘤菌随着培养时间的增加逐渐降低。无氧条件下，β- 变形菌更容易逐渐发展为土壤的优势种群。β- 变形菌（*Betaproteobacteriales*）、鞘氨醇单胞菌（*Sphingomonadales*）、芽单胞菌（*Gemmatimonadales*）、根瘤菌（*Rhizobiales*）、微球菌（*Micrococcales*）和假单胞菌（*Pseudomonadales*）是有氧处理下细菌群落所占丰度较高的细菌目，它们平均相对丰度分别为 31.99%、9.62%、21.66%、12.19%、13.89%。其中，微球菌丰度随着培养时间的增加逐渐增加。当土壤由有氧状态逐渐转变为无氧状态时，芽单胞菌逐渐消失，糖单胞菌逐渐出现。

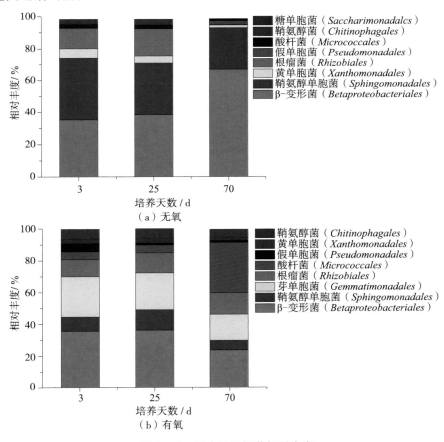

图 5-17　目水平下细菌相对丰度

科水平下（图 5-18），鞘脂单胞菌（*Sphingomonadaceae*）、嗜甲基菌（*Methylophil-aceae*）、伯克氏菌（*Burkholderiaceae*）和黄单胞菌（*Xanthomonadaceae*）是无氧处理下细菌群落所占丰度较高的细菌科，它们平均相对丰度分别为 41.92%、36.00%、13.09% 和 4.97%。其中，鞘脂单胞菌、嗜甲虫和黄单胞菌丰度随着培养时间的增加逐渐降低，伯克氏菌则随着培养时间的增加而逐渐增加。伯克氏菌（*Burkholderiaceae*）、鞘脂单胞菌（*Sphingomonadaceae*）、芽单胞菌（*Gemmatimonadaceae*）、微球菌（*Micrococcaceae*）、亚硝基球菌（*Nitrososphaeraceae*）和噬几丁质菌（*Chitinophagaceae*）是有氧处理下细菌群落所占丰度较高的细菌科。当土壤由有氧状态逐渐转变为无氧状态时，芽单胞菌、亚硝基球菌、噬几丁质菌和酸杆菌逐渐消失，取而代之的为诺卡氏菌、假单胞菌、黄单胞菌和鞘脂杆菌。

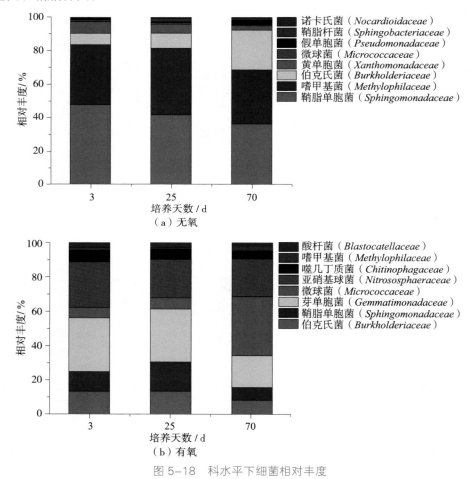

图 5-18　科水平下细菌相对丰度

5.5.1.3　Alpha 多样性

　　基于 97% 相似水平，利用 Venn 图统计得到有氧和无氧状态处理下所共有和独有的 OTU 数目（图 5-19）。在无氧状态下，随着培养时间的增加，独有 OTU 数由培养 3 d 的 56 个逐渐降低为培养 70 d 的 47 个，且共有的 OTU 数为 31 个。在有氧状态下，随着培养时间的增加，独有 OTU 数由培养 3 d 的 60 个逐渐降低为培养 70 d 的 45 个，且共有的 OTU 数为 94 个。总体来看，无氧状态下的独有的 OTU 数（86 个）要远低于有氧状态（199 个），有氧状态和无氧状态下共有的 OTU 数为 113 个。

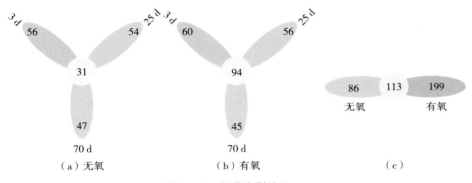

图 5-19　细菌序列的 Venn

　　有氧和无氧状态下土壤细菌群落的 Alpha 多样性指数汇总于表 5-10。无氧状态下 OTUs 范围为 75 461～80 531，CHAO 指数范围为 526.5～708.3，Simpson 指数范围为 0.006～0.014。有氧状态下 OTUs 范围为 62 000～66 988，CHAO 指数范围为 3 347.4～3 583.3，Simpson 指数范围为 0.074～0.121。无氧和有氧状态的 Alpha 多样性指数均表现出相同的变化规律，CHAO 指数和 Simpson 指数均随着培养时间的增加而逐渐降低，表明土壤中特有的细菌群落逐渐占主导地位。相比于无氧状态，有氧状态的土壤细菌群落的丰度和多样性均显著高于无氧状态，从另一方面也可以验证无氧环境可以延缓土壤细菌群落的发育，进而减缓土壤有机碳的矿化，对土壤有机碳贮存起到保护作用。

表 5-10　土壤细菌群落丰度和多样性指数

类型	OTUs	CHAO	Simpson
WY3	80 531	708.3	0.014
WY25	78 940	557.6	0.008
WY70	75 461	526.5	0.006

续表

类型	OTUs	CHAO	Simpson
YY3	66 988	3 583.3	0.121
YY25	64 427	3 551.4	0.111
YY70	62 000	3 347.4	0.074

5.5.1.4 土壤细菌群落进化分析

本书通过对科水平细菌类群构建系统进化树发现，所有 Cbbl 可分为两大进化枝（图 5-20）。超过 70% 的 Cbbl 序列属于兼性厌氧性菌进化枝，其余的 Cbbl 序列属于专性需氧型菌进化枝，因此兼性厌氧性是总细菌群落的优势菌群。厚壁菌（*Firmicntes*）和鞘脂单胞菌（*Sphingomonadaceae*）分别是群落中相对丰度最高的兼性厌氧型与专性需氧型细菌。

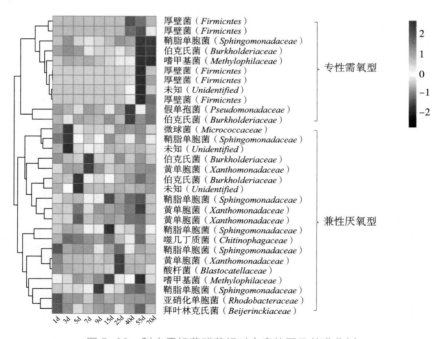

图 5-20　科水平细菌群落相对丰度热图及其进化树

5.5.2　真菌

5.5.2.1 土壤真菌稀释曲线

采用 MiSeq 高通量测序技术对不同淤积阶段土壤真菌群落进行测序，共获得

245 799 个经过质量筛选和优化的 18S rRNA 基因序列。所有土壤样品的真菌群落的稀释曲线表明随抽取序列数增加，各样本获得的 OTUs 数量基本趋于稳定（图 5-21）。表明测序数据能够代表每个土壤样本的实际情况，测序数量合理，测序深度足够覆盖大部分真菌。

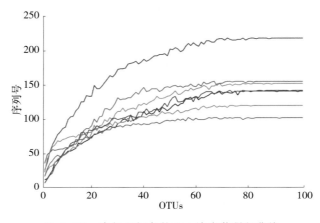

图 5-21　有氧无氧条件下土壤真菌稀释曲线

5.5.2.2　土壤真菌群落

高通量测序数据分析显示在门水平下，无氧条件下被孢霉（*Mortierellomycota*）、子囊菌（*Ascomycota*）和担子菌（*Basidiomycota*）是真菌群落所占丰度较高的真菌门（图 5-22），其平均相对丰度变化范围分别为 7.88%～91.75%、6.98%～48.27% 和 0.19%～42.53%。其中，被孢霉丰度随着培养时间的增加逐渐降低，由培养 3 d 的 91.75% 降低为培养 70 d 的 7.88%，而子囊菌和担子菌则随着培养时间的增加而逐渐增加。子囊菌和担子菌在无氧条件下更容易逐渐发展为土壤的优势种群。有氧条件下子囊菌（*Ascomycota*）、担子菌（*Basidiomycota*）、丝足虫类（*Cercozoa*）和被孢霉（*Mortierellomycota*）是真菌群落所占丰度较高的真菌门。其平均相对丰度变化范围分别为 54.00%～68.19%、3.58%～9.46%、1.84%～3.32% 和 12.40%～26.60%。被孢霉和子囊菌丰度随着培养时间的增加而逐渐降低，被包霉丰度随着培养时间的增加而逐渐增加。当土壤由有氧状态逐渐转变为无氧状态时，担子菌逐渐消失，取而代之的是鞭毛虫。

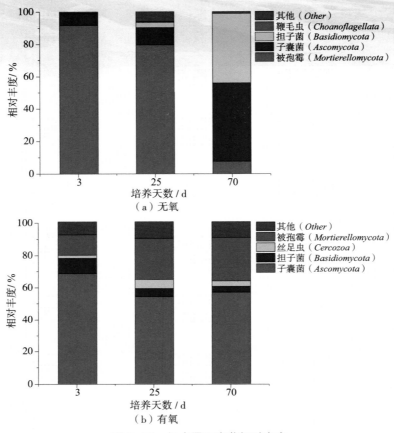

图 5-22　门水平下真菌相对丰度

从图 5-23 中可以看出，在纲水平下被孢霉（*Mortierellomycetes*）、粪壳菌（*Sordariomycetes*）和散囊菌（*Eurotiomycetes*）是无氧处理下真菌群落所占丰度较高的真菌纲，其平均相对丰度变化范围分别为 15.78%～93.30%、5.90%～36.07% 和 0.69%～7.66%。其中，被孢霉丰度随着培养时间的增加逐渐降低，由培养 3 d 的 93.30% 降低为培养 70 d 的 15.78%，粪壳菌、散囊菌、银耳菌和座囊菌随着培养时间的增加逐渐增加。被孢霉（*Mortierellomycetes*）、粪壳菌（*Sordariomycetes*）、散囊菌（*Eurotiomycetes*）、伞菌（*Agaricomycetes*）和座囊菌（*Dothideomycetes*）是有氧处理下真菌群落所占丰度较高的真菌纲，其平均相对丰度变化范围分别为 14.79%～34.32%、49.21%～69.54%、3.09%～6.15%、3.34%～11.05% 和 1.50%～6.91%。其中，粪壳菌丰度随着培养时间的增加逐渐降低，被孢霉随着培养时间的增加逐渐增加，当土壤由有氧状态逐渐转变为无氧状态时，伞菌逐渐消失，取而代之的是银耳菌。

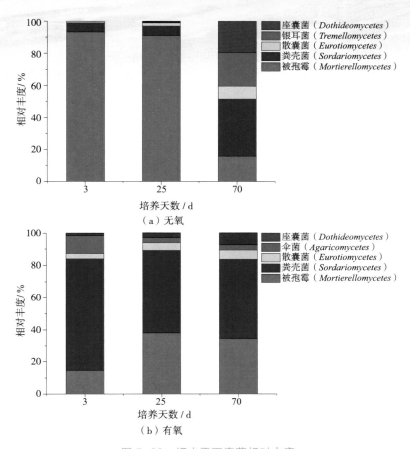

图 5-23　纲水平下真菌相对丰度

目水平下（图 5-24），被孢霉（*Mortierellales*）、伞菌（*Agaricales*）、小囊菌（*Microascales*）和散囊菌（*Eurotiales*）是无氧处理下真菌群落所占丰度较高的真菌目，它们的平均相对丰度分别为 69.49%、25.59%、4.02% 和 0.10%。其中，被孢霉丰度随着培养时间的增加逐渐降低，由培养 3 d 的 93.97% 降低为培养 70 d 的 22.18%，伞菌和小囊菌随着培养时间的增加逐渐增加。伞菌和小囊菌在无氧条件下更容易逐渐发展为土壤的优势种群。被孢霉（*Mortierellales*）、肉座菌（*Hypocreales*）、小囊菌（*Microascales*）和伞菌（*Agaricales*）是有氧处理下真菌群落所占丰度较高的真菌目，它们的平均相对丰度分别为 38.69%、45.88%、7.63% 和 6.33%。被孢霉丰度随着培养时间的增加逐渐增加，肉座菌丰度随着培养时间的增加逐渐降低。当土壤由有氧状态逐渐转变为无氧状态时，肉座菌逐渐消失，散囊菌则在无氧状态逐渐出现。

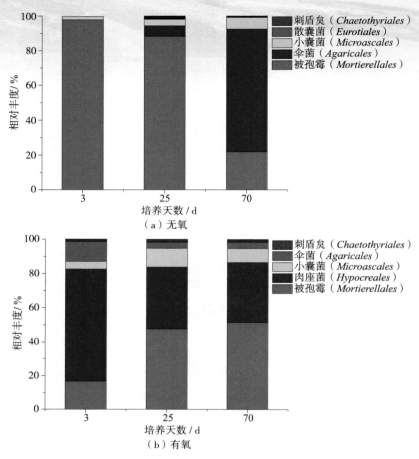

图 5-24　目水平下真菌相对丰度

科水平下（图 5-25），被孢霉（*Mortierellaceae*）、毛壳菌（*Chaetomiaceae*）和海参（*Herpotrichiellaceae*）是无氧处理下真菌群落所占丰度较高的真菌科，它们的平均相对丰度分别为 90.35%、8.35% 和 1.03%。其中，被孢霉丰度随着培养时间的增加逐渐降低，而毛壳菌和海参科均在培养的后期逐渐出现并增加丰度。由此可知，毛壳菌在无氧条件下更容易逐渐发展为土壤的优势种群。被孢霉（*Mortierellaceae*）、毛壳菌（*Chaetomiaceae*）、海壳菌（*Halosphaeriaceae*）、小囊菌（*Microascales*）和虫草（*Cordycipitaceae*）是有氧处理下真菌群落所占丰度较高的真菌科，它们的平均相对丰度分别为 71.90%、10.76%、5.20%、3.78% 和 8.33%。当土壤由有氧状态逐渐转变为无氧状态时，海壳菌和虫草逐渐消失，伞菌和海参则在无氧状态逐渐出现。

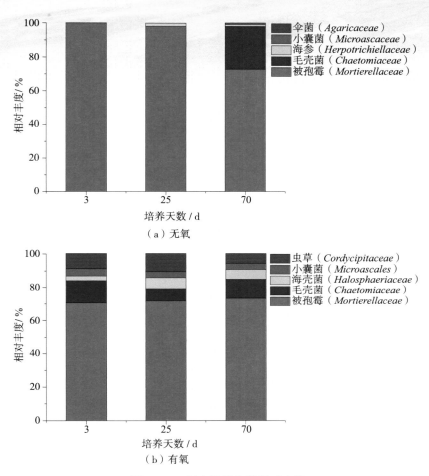

图 5-25　科水平下真菌相对丰度

5.5.2.3　Alpha 多样性

　　基于 97% 相似水平，利用 Venn 图统计得到有氧和无氧状态处理下所共有和独有的真菌 OTU 数目（图 5-26）。在无氧状态下，随着培养时间的增加，独有 OTU 数由培养 3 d 的 22 个逐渐增加为培养 70 d 的 40 个，且共有的 OTU 数为 20 个。在有氧状态下，随着培养时间的增加，独有 OTU 数由培养 3 d 的 40 个逐渐降低为培养 70 d 的 5 个，且共有的 OTU 数为 12 个。总体来看，无氧状态下独有的 OTU 数（27 个）要高于有氧状态（12 个），有氧状态和无氧状态下共有 OTU 数 56 个。

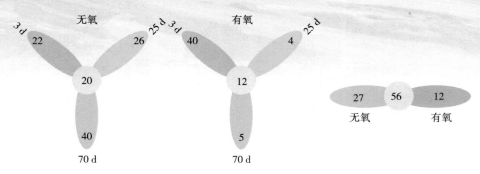

图 5-26　真菌序列的 Venn

有氧和无氧状态下土壤真菌群落的 Alpha 多样性指数汇总于表 5-11。无氧状态 OTUs 范围为 25 185～54 331，CHAO 指数范围为 204.2～300.2，Simpson 指数范围为 0.035～0.096。有氧状态 OTUs 范围为 42 729～82 839，CHAO 指数范围为 519.4～686.5，Simpson 指数范围为 0.141～0.524。无氧和有氧状态的 Alpha 多样性指数均表现相同的变化规律，CHAO 指数和 Simpson 指数均随着培养时间的增加而逐渐降低，表明土壤中特有的真菌群落逐渐占主导地位。

表 5-11　土壤真菌群落丰度和多样性指数

类型	OTUs	CHAO	Simpson
WY3	54 331	300.2	0.096
WY25	26 440	273.7	0.036
WY70	25 185	204.2	0.035
YY3	82 839	686.5	0.524
YY25	61 427	530.2	0.325
YY70	42 729	519.4	0.141

注：英文字母代表培养状态（WY：无氧；YY：有氧），数字代表培养天数。

5.5.2.4　土壤真菌群落进化分析

本书通过对目水平真菌类群构建系统进化树发现，所有 Cbbl 可分为两大进化枝（图 5-27）。超过 60% 的 Cbbl 序列属于兼性厌氧型菌进化枝，其余的 Cbbl 序列属于专性需氧型菌进化枝，由此也可以说明兼性厌氧型是总细菌群落的优势菌群。粪壳菌（*Sordariales*）和肉座菌（*Hypocreales*）分别是群落中相对丰度最高的专性需氧型与兼性厌氧型真菌。

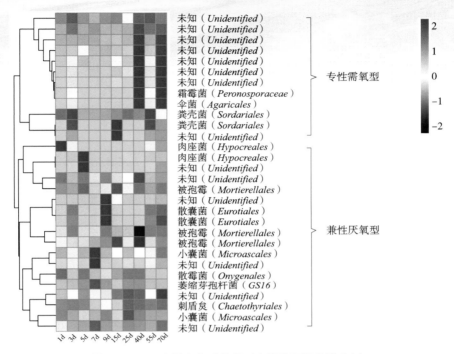

图 5-27　目水平真菌群落相对丰度热图及其进化树

5.6　气体环境改变作用下有机碳矿化与生物、非生物因子间的关系

5.6.1　气体环境改变影响有机碳矿化关键因子识别

以有机碳矿化量为因变量，以有机碳、全氮、碳氮比、碳磷比和氮磷比为自变量进行逐步回归分析，结果见表 5-12。由表 5-12 可知，无氧条件下有机碳矿化的限制性因子为有机碳含量，有氧条件下有机碳矿化的限制性因子为全氮含量。

表 5-12　有机碳矿化量与养分指标的逐步回归分析结果

类型	逐步回归模型	模型方程	R^2
	预测变量		
无氧	有机碳	$y = 2.235 - 1.363\,x$	0.954
有氧	全氮	$y = -0.330 - 3.226\,x$	0.879

利用灰色关联分析法来揭示土壤酶活性对有机碳矿化影响因子的关联程度。选择有机碳矿化量作为特征指标，选择 3 种碳循环相关酶（β- 木糖苷酶、β- 葡萄糖苷酶、纤维素酶），2 种氮循环相关酶（亮氨酸酶、β-N- 乙酰氨基葡萄糖苷酶），1 种磷循环相关酶（磷酸酶）以及 3 种对应的酶计量特征值，共计 9 种序列指标。由表 5-13 可知，在无氧条件下，亮氨酸酶对有机碳矿化量的解释程度最高，解释度为 0.72，其次为 β- 葡萄糖苷酶（0.71）和磷酸酶（0.66）。在有氧条件下，酶碳氮比对有机碳矿化量的解释程度最高，解释度为 0.79，其次为亮氨酸酶（0.73）和酶氮磷比（0.71）。

表 5-13　有机碳矿化量与土壤酶指标灰色关联度

类型	β- 木糖苷酶	β- 葡萄糖苷酶	纤维素酶	亮氨酸酶	β-N- 乙酰氨基葡萄糖苷酶	磷酸酶	酶碳氮比	酶碳磷比	酶氮磷比
无氧	0.57	0.71	0.64	0.72	0.57	0.66	0.59	0.61	0.55
有氧	0.61	0.63	0.59	0.73	0.63	0.60	0.66	0.79	0.71

基于主成分分析方法对不同淤积阶段影响有机碳矿化量的微生物指标进行分析，结果如图 5-28 所示。无氧条件下，对微生物指标共提取 2 个主成分，累积贡献率为 93.73%。第一主成分（PC-1）的贡献率为 77.3%，第二主成分（PC-2）的贡献率为 16.4%。影响 PC-1 的因子成分为胺类和醇类，影响 PC-2 的因子成分为氨基酸类。有氧条件下，对微生物指标共提取 3 个主成分，累积贡献率为 94.57%。第一主成分（PC-1）的贡献率为 56.3%，第二主成分（PC-2）的贡献率为 23.1%。影响 PC-1 的因子成分为丰富度和均匀度，影响 PC-2 的因子成分为糖类。

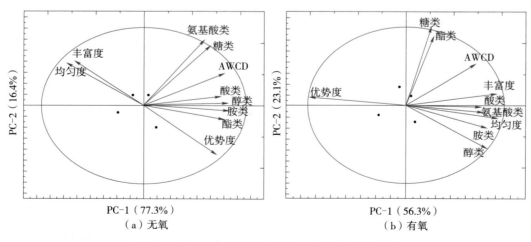

图 5-28　有机碳矿化指标与微生物指标主成分分析

应用多元线性回归分析法进一步揭示淤积层土壤生物对有机碳矿化量变化的内在机制，结果见表 5-14。无氧条件下，丝足虫类和被孢霉共同对有机碳矿化量的动态变化解释程度为 89.8%，丝足虫类和被孢霉是影响无氧条件下有机碳矿化量的主要因子。有氧条件下，硝化螺旋菌和棒状杆菌共同对有机碳矿化量的动态变化解释程度为98.2%，硝化螺旋菌和棒状杆菌是影响有氧条件下有机碳矿化量的主要因子。

表 5-14　多元回归分析结果

类型	回归方程	变化解释程度 /%
无氧	矿化量 = - 1.245 + 0.013 × 丝足虫类 + 0.025 × 被孢霉	89.8
有氧	矿化量 = 0.094 + 0.028 × 硝化螺旋菌 - 0.006 × 棒状杆菌	98.2

5.6.2　定量解析关键因子对有机碳矿化的影响

从图 5-29 可以看出，无氧条件下 8 种影响因子（第一阶）对有机碳矿化量的直接贡献率分别为亮氨酸酶（0.109 7）、胺类（0.066 7）、有机碳（0.040 7）、醇类（0.013 5）、被孢霉（0.006 7）、丝足虫类（0.006 7）、β- 葡萄糖苷酶（0.005 6）和磷酸酶（0.005 6）。由此可知，单一因子对有机碳矿化量的作用为 25.5%，因子之间的交互作用对有机碳矿化量的作用为 74.5%。基于灰色关联分析方法将第一阶因子的影响因子作为因变量，选取前 4 位关联度最高的因子作为自变量，产生第二阶影响因子。影响第一阶因子的第二阶因子主要为浮霉菌、芽单胞菌、磷酸酶、拟杆菌等。将第二阶的 32 个因子进行整体分析可以发现，养分类因子占比为 3.12%，土壤酶类因子占比为 31.20%，微生物类因子占比为 15.62%，真菌及细菌类因子占比为 50.00%。

从图 5-30 中可以看出，在有氧条件下 8 种影响因子（第一阶）对有机碳矿化量的直接贡献率分别为硝化螺旋菌（0.037 8）、全氮（0.027 1）、丰富度（0.027 1）、酶碳磷比（0.011 0）、均匀度（0.006 8）、酶氮磷比（0.004 2）、亮氨酸酶（0.003 4）和棒状杆菌（0.002 6）。由此可知，单一因子对有机碳矿化量的作用为 12.0%，因子之间的交互作用对有机碳矿化量的作用为 88.0%。基于灰色关联分析方法将第一阶因子的影响因子作为因变量，选取前 4 位关联度最高的因子作为自变量，产生第二阶影响因子。影响第一阶因子的第二阶因子主要为放线菌、氮磷比、硝化螺旋菌、被孢霉等。将第二阶的 32 个因子进行整体分析可以发现，养分类因子占比为 6.25%，土壤酶类因子占比为 12.5%，微生物类因子占比为 25.0%，真菌及细菌类因子占比为 56.25%。

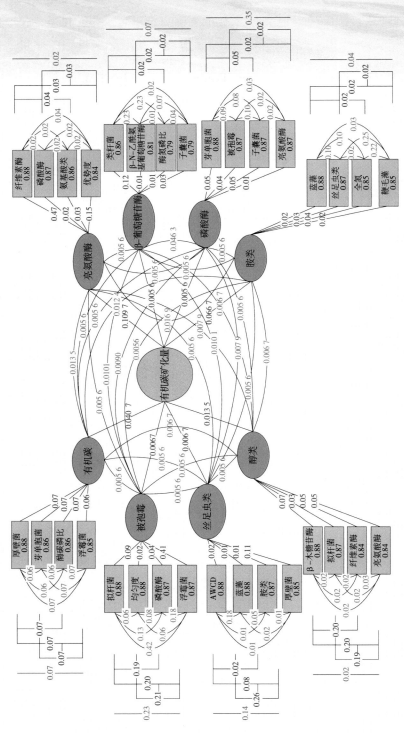

图5-29 无氧条件下有机碳矿化作用关系

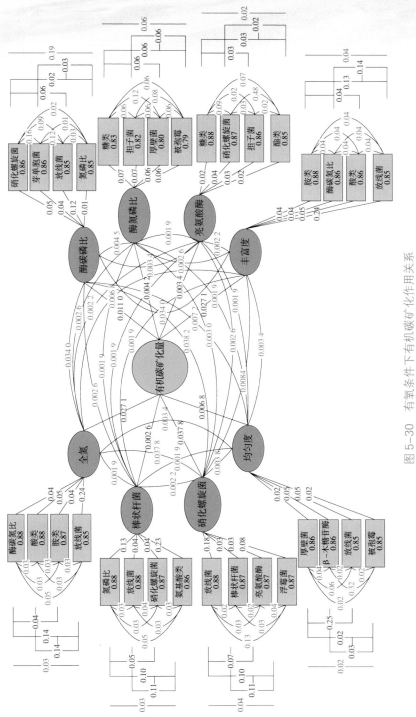

图 5-30　有氧条件下有机碳矿化作用关系

161

应用多元逐步线性回归分析进一步查明有氧条件和无氧条件下第一阶影响因子与有机碳矿化的关系，结果见表 5-15。分析结果表明，亮氨酸酶和有机碳是无氧条件下有机碳矿化量变化的最主要解释因素。影响有氧条件下有机碳矿化量变化的最主要解释因子为硝化螺旋菌和全氮。

表 5-15　多元回归分析结果

因变量	类型		系数	标准差	sig
有机碳矿化量	无氧	常数	−0.434	0.002	0.018
		亮氨酸酶	0.816	0.022	0.003
		有机碳	0.309	0.001	0.004
	有氧	常数	0.332	0.003	0.008
		硝化螺旋菌	0.039	0.010	0.014
		全氮	−1.882	0.071	0.010

5.7　小结

本章结合坝地层状淤积剖面土壤气体浓度改变的实际情况，通过室内试验模拟坝地剖面土壤氧气浓度条件，开展土壤有机碳矿化培养试验，研究土壤从有氧环境到无氧环境转变过程中土壤有机碳矿化的变化规律，分析氧气浓度变化过程中土壤理化性质、细菌丰度、物种多样性、微生物群落结构与组成变化特征，明确气体浓度改变对有机碳矿化速率的作用规律，探究坝地土壤气体环境改变对有机碳矿化的作用机理。通过研究得到以下结果：

（1）当土壤由有氧环境改变为无氧环境时，有机碳矿化量的最大值出现的时间会前移，由有氧条件下的 9 d 提前为无氧条件的 5 d，且有氧条件下的有机碳矿化量在培养期的任何阶段均高于无氧条件下的有机碳矿化量。有氧条件下的有机碳累积矿化量是无氧条件下有机碳累积矿化量的 1.29 倍。

（2）在培养周期内的各个时期，有氧条件和无氧条件下的有机碳、全氮和全磷含量均未表现出显著性差异，且整体变化较为平稳，未呈现突然增高或降低的变化规律。由此也说明，土壤养分的变化是一个长期的过程，无氧条件虽然可能会导致有机碳和全氮含量的降低但未通过相关的统计分析检验。

（3）当土壤处于有氧条件时，土壤碳循环相关酶活性均高于无氧条件下的土壤碳循环相关酶和氮循环相关酶活性，土壤氧气浓度对土壤磷循环相关酶的影响较小。无氧条件下土壤受到碳限制的作用要大于有氧条件。无氧条件的向量角度小于有氧条件的向量角度且整体的向量角度始终小于 45°，有氧条件和无氧条件下土壤微生物始终受到磷的限制作用，但有氧条件受到磷的限制作用要比无氧条件受到磷的限制作用高。

（4）不论是有氧条件还是无氧条件下，微生物利用的碳源主要是以糖类碳源为主，且有氧条件和无氧条件下土壤微生物对碳源利用的种类也存在较大的差异。在无氧条件中碳代谢能力高的微生物，在有氧条件下代谢能力变弱；在无氧条件中碳代谢能力低的微生物，在有氧条件下代谢能力变强。

（5）无氧条件的变形菌（*Proteobacteria*）和厚壁菌（*Firmicutes*）是细菌群落所占丰度较高的细菌门。当土壤由有氧状态逐渐转变为无氧状态时，硝化螺旋菌、棒状杆菌和奇古菌逐渐消失，取而代之的是酸杆菌、蓝藻和拟杆菌。无氧条件下被孢霉（*Mortierellomycota*）、子囊菌（*Ascomycota*）和担子菌（*Basidiomycota*）是真菌群落所占丰度较高的真菌门。当土壤由有氧状态逐渐转变为无氧状态时，担子菌逐渐消失，取而代之的是鞭毛藻。相较于无氧状态，有氧状态的土壤细菌群落的丰富度和多样性均显著高于无氧状态，从另一方面也可以验证无氧环境可以延缓土壤细菌群落的发育，进而减缓土壤有机碳的矿化，对土壤有机碳贮存起到保护作用。

（6）单一因子对有机碳矿化的影响显著低于多因子的交互作用对有机碳矿化的影响。亮氨酸酶和有机碳是无氧条件下有机碳矿化量变化的最主要解释因素。影响有氧条件下有机碳矿化量变化的最主要解释因子为硝化螺旋菌和全氮。

第 6 章
淤积层土壤有机碳矿化
特征及其影响因素

　　我国西北地区生态环境脆弱，水土流失严重，直接威胁区域经济社会和生态环境可持续发展。随着西北大开发战略的深入实施，国家开展了植被恢复和沟道治理等大规模的生态建设，缓解了社会经济发展与生态环境恶化之间的矛盾（李相儒 等，2015）。20 世纪末，我国在黄土高原地区沟道中修建了大量的淤地坝，淤地坝不仅控制沟道侵蚀、拦泥淤地，并且改变了区域生态水文过程，遏制了水土流失恶化的趋势，同时也对土壤碳循环产生深刻影响。截至 2019 年，黄土高原已修建了约 5.8 万座淤地坝，拦截了超过 55.04 亿 m³ 的泥沙，形成坝地约 90 多万亩（刘雅丽 等，2020）。淤地坝及坝地控制区形成了一个相对完整的侵蚀 - 沉积单元（Polyakov et al., 2014），并且淤地坝有着显著的生态环境效益，黄土高原淤地坝储存了 21 亿 m³ 的泥沙，每年可减少（3～5）× 10⁶ t 入黄泥沙（Wang et al., 2011）。

　　淤地坝是典型沉积地貌景观，径流侵蚀泥沙在淤地坝沉积形成不同的淤积层，使得坝地淤积的泥沙具有垂直结构，通常是粗颗粒泥沙先沉积，然后为粉砂，最后是黏粒（Zhao et al., 2009）。侵蚀泥沙中有机碳的富集比大于 1.0（Yu et al., 2012），淤地坝拦蓄泥沙形成的坝地是陆地生态系统重要的碳汇。淤地坝的层状结构使得土壤水分具有分层储存的能力，同时坝地淤积紧实，形成了良好的还原环境，使坝地具有碳保持的功能。淤地坝坝地土壤有机碳和细土壤颗粒（如黏粒、粉砂）的累积将促进沉积区分散的土壤颗粒的再聚合，从而为有机质的矿化和土壤微生物的分解提供有效的物理保护。坝地随着侵蚀作用的逐渐抬高及其特殊的层状结构，导致整个坝地剖面自上而下土壤环境（如水分、氧气浓度等）发生变化。这些因素都会影响土壤微生物丰度、群落组成及土壤酶活性的改变，进而影响坝地剖面有机碳矿化过程。很多研究学者在陆地生态系统模型模拟了黄土高原部分地区在侵蚀环境下的土壤碳动态变化，但是并未将黄土高原淤地坝的作用考虑在内，从而影响了土壤固碳量的估算精度。

本章以坝地层状淤积剖面为研究对象，通过室内土壤有机碳矿化培养试验，研究坝地淤地剖面原位土壤有机碳矿化的变化规律，分析坝地剖面土壤自上而下土壤理化性质、细菌丰度、物种多样性、微生物群落结构与组成变化特征，明确淤地阶段有机碳矿化速率的作用规律，探究不同淤地阶段影响有机碳矿化的主导因子，为黄土丘陵区小流域碳储量计算提供理论参考。

6.1　不同淤积阶段土壤有机碳矿化特征

6.1.1　矿化量

将坝地沉积剖面按照有机碳的变化规律分为 4 个淤积阶段，不同淤积阶段有机碳矿化量随时间的变化规律如图 6-1 所示。在 ST-1 阶段，有机碳矿化量在培养 9 d 前基本处于水平的状态，培养 9 d 后急速下降，下降幅度达到 59%，之后缓慢降低直至培养结束。在 ST-2 阶段，有机碳矿化量在培养到第 9 天时达到最大值（0.20 mg），之后有机碳矿化量逐渐降低，直至培养结束时降低幅度为 68%。ST-3 阶段有机碳矿化量的变化规律与 ST-2 阶段类似，从培养开始有机碳矿化量缓慢增加，增加幅度为 2.8%，在培养第 9 天时达到最大值（0.19 mg），之后有机碳矿化量逐渐降低，直至培养结束时降低幅度为 66%。ST-4 阶段有机碳矿化量变化规律则有别于其他阶段，从培养开始阶段逐渐降低直至培养结束。整体来看，整个沉积剖面处于最低层的 ST-4 阶段土壤，在为期 70 d 的培养过程中，有机碳矿化量逐渐降低。随着土层深度的向上增加，有机碳矿化量会先经历增加或者趋于稳定一段时间，之后逐渐降低的变化过程。

整个坝地沉积剖面的有机碳累积矿化量如图 6-2 所示。沉积剖面 4 个淤积阶段随着培养时间的增加有机碳累积矿化量也逐渐增加。在整个培养期内，沉积剖面 4 个淤积阶段的有机碳累积矿化量大小依次为 ST-1（1.47 mg）＞ST-4（1.45 mg）＞ST-3（1.41 mg）＞ST-2（1.38 mg）。有研究学者认为土壤埋藏可以增加有机碳的固存，但是本书却得出：处于最底层的有机碳矿化量仅次于最上层土壤，可能是由于培养试验激活了碳相关的微生物活性，因此导致处于最底层的有机碳矿化量仅次于最上层土壤。

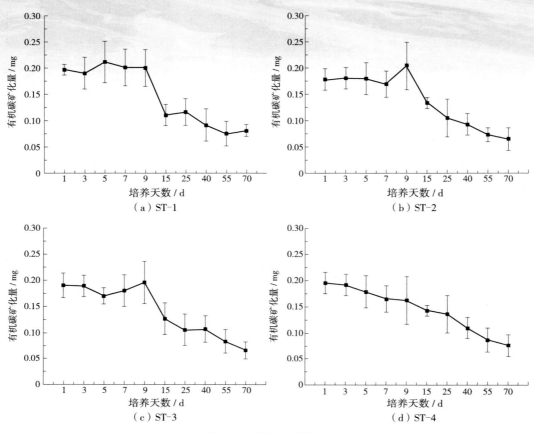

图 6-1　有机碳矿化量

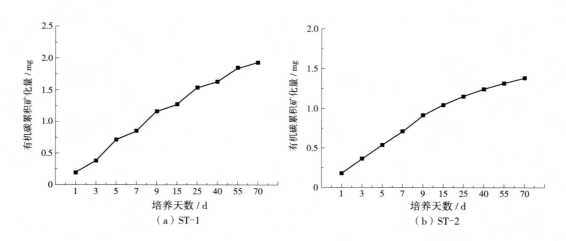

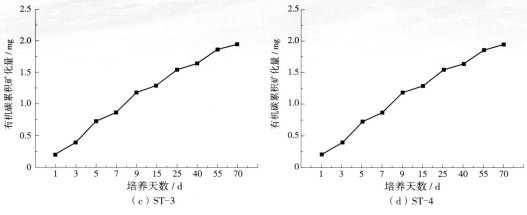

图 6-2　有机碳累积矿化量随培养天数的变化曲线

6.1.2　矿化速率

坝地沉积剖面土壤有机碳矿化速率随着培养时间的增加而逐渐降低，不同淤积阶段的有机碳矿化速率随培养时间的变化规律如图 6-3 所示。各阶段有机碳矿化速率有着相同的变化规律，在培养开始时（1 d）有机碳矿化速率均处于最高，之后迅速降低（3 d），降低速率均达到以上，其中 ST-1 阶段降低速率最大（34.4%）。之后 3～9 d 有机碳矿化速率缓慢降低。当培养时间进行到第 9 天时，有机碳矿化速率又出现较大幅度的降低直至培养结束。在 70 d 培养结束时，不同淤积阶段的有机碳矿化速率分别为培养开始时的 10.7%（ST-1 阶段）、11.1%（ST-2 阶段）、10.6%（ST-3 阶段）和 10.6%（ST-4 阶段）。ST-1 阶段、ST-2 阶段、ST-3 阶段和 ST-4 阶段降低幅度分别为 89.2%、88.8%、89.3% 和 89.3%。

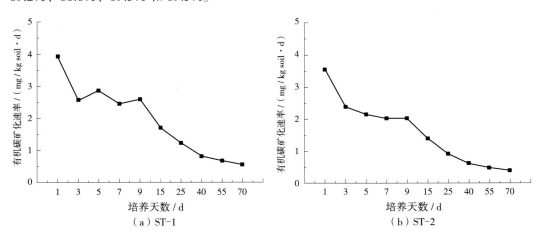

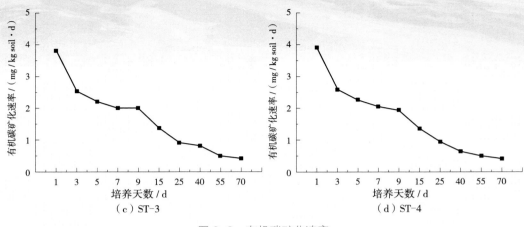

图 6-3　有机碳矿化速率

6.1.3　矿化比

从表 6-1 中可以看出，坝地沉积剖面不同淤积阶段对有机碳矿化比有着显著的影响（$P<0.05$）。在坝地剖面处于最底层的 ST-4 阶段，有机碳矿化比达到最大值（0.000 53），显著高于 ST-1 阶段和 ST-2 阶段（$P<0.05$）。随着沉积剖面逐渐向上延续，有机碳矿化比则逐渐降低（$P<0.05$）。处于剖面最上部的 ST-1 阶段有机碳矿化比最低（0.000 36）。ST-4 阶段的有机碳矿化比是 ST-1 阶段的 1.47 倍。

表 6-1　土壤有机碳矿化比

处理类型	矿化比 /（g CO_2–C/g SOC）
ST-1	0.000 36±0.000 10a
ST-2	0.000 46±0.000 13b
ST-3	0.000 49±0.000 11bc
ST-4	0.000 53±0.000 16c

注：同列数字后不同小写字母表明不同淤积阶段之间存在显著差异（$P<0.05$）。

6.1.4　矿化潜力

将培养时间与土壤有机碳累积矿化量通过一级动力学方程进行拟合，拟合结果较好，拟合 R^2 为 0.97～0.99，结果见表 6-2。整个沉积剖面有机碳矿化潜力为 1.31～1.37 mg，沉积剖面 4 个淤积阶段有机碳矿化潜力大小依次为 ST-4（1.37 mg）＞ST-1（1.36 mg）＞ST-3（1.33 mg）＞ST-2（1.31 mg）。

表 6-2　土壤有机碳矿化潜力

类型	有机碳矿化潜力 Cp/mg	有机碳矿化速率常数 k/d^{-1}	R^2
ST-1	1.36	0.11	0.99
ST-2	1.31	0.11	0.98
ST-3	1.33	0.10	0.98
ST-4	1.37	0.10	0.97

6.2　不同淤积阶段土壤养分特征

6.2.1　有机碳

从图 6-4 中可以看出，在整个培养周期内沉积剖面中，ST-1 阶段有机碳含量显著高于其他阶段（$P<0.05$），达到 2.61 g/kg。ST-4 阶段有机碳含量最低，仅为 1.69 g/kg（$P<0.05$）。ST-2 阶段和 ST-3 阶段有机碳含量未表现出显著性差异（$P>0.05$）。ST-1 阶段有机碳含量是其他阶段的 1.40 倍、1.44 倍和 1.54 倍。从培养时间上看，ST-1 阶段在培养周期中的每个时间段均显著高于其他阶段。ST-1 从培养开始阶段（1 d）直至培养结束（70 d）有机碳含量为 2.37～2.68 g/kg，整体处于较为平稳的状态；ST-2 阶段、ST-3 阶段和 ST-4 阶段从培养初期（1 d）直至培养结束（70 d）有机碳含量有着较小幅度的上升，上升幅度分别为 ST-2 阶段（12.0%），ST-3 阶段（15.2%）和 ST-4 阶段（6.4%）。

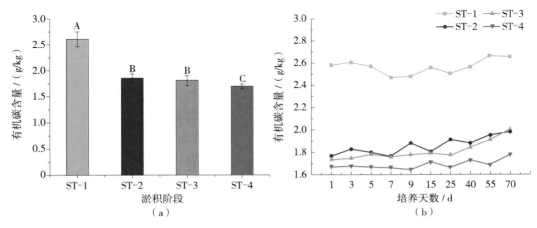

图 6-4　土壤有机碳含量

注：图中大写字母表示不同淤积阶段有机碳含量差异达到显著性水平（$P<0.05$）。

6.2.2 全氮

由图 6-5 可知，在坝地沉积剖面 4 个淤积阶段中，ST-2 阶段（0.32 g/kg）和 ST-3 阶段（0.32 g/kg）全氮含量最高，ST-1 阶段（0.26 g/kg）次之，ST-4 阶段（0.14 g/kg）最低（$P<0.05$）。ST-4 阶段有机碳含量分别是 ST-1 阶段、ST-2 阶段和 ST-3 阶段的 55.6%、46.0% 和 49.4%。在整个培养周期内，ST-1 阶段在培养周期中的每个时间段全氮含量均显著高于其他阶段。ST-1 阶段全氮含量为 0.25～0.27 g/kg，ST-2 阶段全氮含量为 0.15～0.18 g/kg，ST-3 阶段全氮含量为 0.14～0.15 g/kg，ST-4 阶段全氮含量为 0.13～0.15 g/kg，沉积剖面 4 个淤积阶段全氮含量整体波动较为平缓。

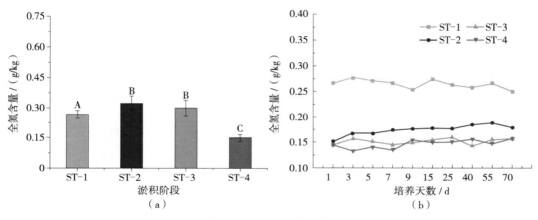

图 6-5　土壤全氮含量

注：图中大写字母表示不同淤积阶段全氮含量差异达到显著性水平（$P<0.05$）。

6.2.3 全磷

沉积剖面不同淤地阶段在整个培养期内土壤全磷的变化如图 6-6 所示。ST-1 阶段全磷含量显著高于 ST-3 阶段和 ST-4 阶段（$P<0.05$），ST-3 阶段和 ST-4 阶段全磷含量未表现出显著性差异（$P>0.05$）。ST-1 阶段全磷含量分别是 ST-3 阶段和 ST-4 阶段的 1.14 倍和 1.15 倍。在整个培养周期内，ST-1 阶段在培养周期中的每个时间段全磷含量均显著高于其他阶段。整个沉积剖面全磷含量为 0.39～0.47 mg/kg。

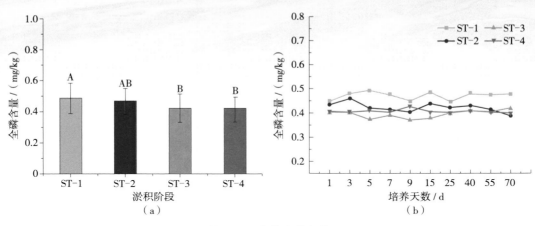

图 6-6　土壤全磷含量

注：图中大写字母表示不同淤积阶段全磷含量差异达到显著性水平（$P<0.05$）。

6.2.4　化学计量学特征

沉积剖面不同淤地阶段化学计量学特征见表 6-3。ST-4 阶段的 C/N 值显著高于 ST-1 阶段、ST-2 阶段和 ST-3 阶段（$P<0.05$），ST-4 阶段的 C/N 值分别是 ST-1 阶段、ST-2 阶段和 ST-3 阶段的 1.17 倍、1.29 倍和 1.87 倍，而 ST-1 阶段、ST-2 阶段和 ST-3 阶段之间的 C/N 值未表现出显著性差异（$P>0.05$）。土壤 C/P 值则 ST-1 阶段最高（6.06），显著高于 ST-3 阶段（4.44）和 ST-4（4.16）阶段，ST-2 阶段、ST-3 阶段和 ST-4 阶段的 C/P 值未表现出显著性差异（$P>0.05$）。N/P 值则表现为 ST-4 阶段最低，仅为 0.36，分别是 ST-1 阶段、ST-2 阶段和 ST-3 阶段 N/P 值的 58.0%、0.41% 和 0.47%。

表 6-3　化学计量学特征

阶段	C/N	C/P	N/P
ST-1	9.83±0.75A	6.06±1.03A	0.62±0.24A
ST-2	8.91±1.45A	5.29±1.25AB	0.88±0.19A
ST-3	9.71±1.81A	4.44±1.02B	0.76±0.15A
ST-4	11.53±1.11B	4.16±0.88B	0.36±0.09B

注：图中大写字母表示不同淤积阶段同一化学计量特征值差异达到显著性水平（$P<0.05$）。

6.3　不同淤积阶段土壤酶活性特征

6.3.1　碳循环相关酶系

不同淤积阶段碳循环相关酶活性随时间的变化规律如图 6-7 所示。沉积区不同淤积阶段 3 种碳循环相关酶活性随着培养时间的增加，碳循环相关酶活性均呈现先增加后降低的规律，且 ST-1 阶段的碳循环相关酶活性均要高于其他淤积阶段的碳循环相关酶活性。各淤积阶段土壤碳循环相关酶以 β- 葡萄糖苷酶为主，其次为 β- 木糖苷酶，最后为纤维素酶，但不同碳循环相关酶对培养时间以及不同淤积阶段的响应存在差异。从碳循环相关酶活性对培养时间响应的角度来看，各淤积阶段的 β- 木糖苷酶活性在培养的第 9 天均达到最大值，ST-1 阶段的 β- 木糖苷酶活性显著高于其他阶段，达到 0.005 1 mol/（g·h），ST-4 阶段的 β- 木糖苷酶活性最低，仅为 0.002 9 mol（g·h）。以培养的第 9 天为整个培养周期的分界线，从培养开始到第 9 天，各阶段 β- 木糖苷酶活性增加幅度分别为 66.5%、75.6%、74.1% 和 75.1%，从第 9 天直至培养结束，各阶段 β- 木糖苷酶活性降低幅度分别为 81.8%、90.7%、87.4% 和 93.3%。β- 葡萄糖苷酶活性则在培养的第 40 天达到最大值，ST-1 阶段的 β- 葡萄糖苷酶活性显著高于其他阶段，达到 0.035 mol/（g·h），ST-4 阶段的 β- 葡萄糖苷酶活性最低，仅为 0.024 mol/（g·h）。以培养的第 40 天为整个培养周期的分界线，从培养开始到第 40 天，各阶段 β- 葡萄糖苷酶活性增加幅度分别为 68.3%、89.6%、89.2% 和 89.8%，从第 40 天直至培养结束，各阶段 β- 葡萄糖苷酶活性降低幅度分别为 62.9%、61.6%、55.7% 和 54.1%。纤维素酶则是在培养的第 5 天达到最大值。ST-1 阶段的纤维素酶活性显著高于其他阶段，达到 0.003 1 mol/（g·h），ST-4 阶段的纤维素酶活性最低，仅为 0.002 4 mol/（g·h）。以培养的第 5 天为整个培养周期的分界线，从培养开始到第 5 天，各阶段纤维素酶活性增加幅度分别为 53.3%、53.9%、61.7% 和 56.8%，从第 5 天直至培养结束，各阶段纤维素酶活性降低幅度分别为 68.4%、67.5%、70.7% 和 75.9%。

综上所述，沉积区 ST-1 阶段对 3 种碳循环相关酶的响应程度均达到最大，ST-4 阶段对碳循环相关酶的响应程度最低，且从 ST-1 阶段到 ST-4 阶段（淤积深度不断增加）对碳循环相关酶的响应逐渐降低。

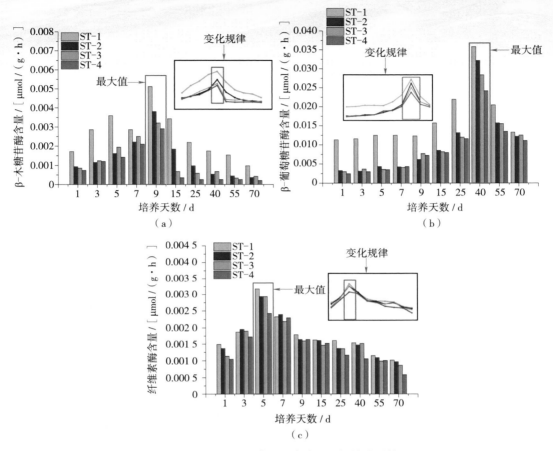

图 6-7　不同淤积阶段土壤碳循环相关酶活性

6.3.2　氮循环相关酶系

不同淤积阶段氮循环相关酶活性随时间的变化规律如图 6-8 所示。整体来看，各淤积阶段土壤氮循环相关酶主要以亮氨酸酶为主，不同淤积阶段土壤氮循环相关酶活性随着培养时间的增加，氮循环相关酶活性均呈现先增加后降低的规律，且氮循环相关酶活性和碳循环相关酶活性相似，ST-1 阶段氮循环相关酶活性在整个培养周期内均高于其他阶段，而 ST-4 阶段的氮循环相关酶活性均低于其他阶段。不同氮循环相关酶对培养时间以及不同淤积阶段的响应存在差异。不同淤积阶段亮氨酸酶活性在培养的第 7 天均达到最大值，ST-1 $[0.105 \ \mathrm{mol/(g \cdot h)}]$ > ST-2 $[0.088 \ \mathrm{mol/(g \cdot h)}]$ >

ST-3［0.083 mol/（g·h）］＞ST-4［0.039 mol/（g·h）］，ST-1 阶段亮氨酸酶活性是ST-4 阶段亮氨酸酶活性的 2.69 倍。以培养的第 7 天为整个培养周期的分界线，从培养开始到第 7 天，各阶段亮氨酸酶活性增加幅度分别为 54.6%、44.9%、48.4% 和34.3%，从第 7 天直至培养结束，各阶段亮氨酸酶活性降低幅度分别为 86.4%、86.1%、80.6% 和 88.1%。不同淤积阶段 β-N- 乙酰氨基葡萄糖苷酶活性在培养的第 40 天均达 到 最 大 值，ST-1［0.004 7 mol/（g·h）］＞ST-2［0.004 0 mol/（g·h）］＞ST-3［0.003 8 mol/（g·h）］＞ST-4［0.0032 mol/（g·h）］，ST-1 阶段 β-N- 乙酰氨基葡萄糖苷酶活性是 ST-4 阶段 β-N- 乙酰氨基葡萄糖苷酶活性的 1.46 倍。以培养的第 40 天为整个培养周期的分界线，从培养开始到第 40 天，各阶段 β-N- 乙酰氨基葡萄糖苷酶活性增加幅度分别为 54.2%、83.9%、94.2% 和 80.4%，从第 40 天直至培养结束，各阶段 β-N- 乙酰氨基葡萄糖苷酶降低幅度分别为 43.6%、62.7%、84.8% 和 89.2%。

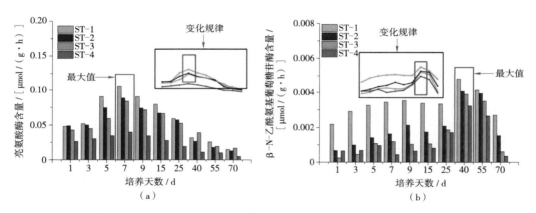

图 6-8　不同淤积阶段土壤氮循环相关酶活性

综上所述，沉积区 ST-1 阶段对两种氮循环相关酶的响应程度均达到最大，ST-4阶段对氮循环相关酶的响应程度最低，且从 ST-1 阶段到 ST-4 阶段（淤积深度不断增加）对氮循环相关酶的响应逐渐降低。

6.3.3　磷循环相关酶系

不同淤积阶段磷循环相关酶活性随时间的变化规律如图 6-9 所示。不同淤积阶段土壤磷循环相关酶活性随着培养时间的增加，磷循环相关酶活性均呈现先增加后降低的规律，且在培养的第 40 天磷循环相关酶活性达到最大值。ST-1 阶段磷循环相关酶活性在整个培养周期内均高于其他阶段，而 ST-4 阶段的磷循环相关酶活性均低于其他阶段。以培养的第 40 天为整个培养周期的分界线，从培养开始到第 40 天，各阶段磷酸酶活性增加幅度分别为 36.3%、52.5%、60.3% 和 69.3%，从第 40 天直至培养结束，各阶段磷酸酶降低幅度分别为 51.7%、54.2%、52.1% 和 49.0%。沉积区 ST-1 阶段对磷酸酶的响应程度均达到最大，ST-4 阶段对磷酸酶的响应程度最低，且从 ST-1 阶段到 ST-4 阶段（淤积深度不断增加）对磷酸酶的响应逐渐降低。

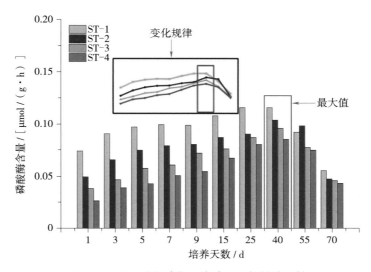

图 6-9　不同淤积阶段土壤磷循环相关酶活性

6.3.4　酶计量学特征

由图 6-10（a）可知，（BG+EC+EG）∶（LAP+NAG）整体变化范围为 1.21～1.47。ST-4 阶段（BG+EC+EG）∶（LAP+NAG）的值最低（$P < 0.05$），ST-2 阶段和 ST-3 阶段的值最高，且两者之间未表现出显著性差异。（BG+EC+EG）∶AP 整体变化范围为 1.62～1.77。ST-4 阶段（BG+EC+EG）∶AP 的值为 1.77 且显著高于其他阶段［图 6-7（b）］，ST-3 阶段碳循环相关酶 / 磷循环相关酶的值最低（$P < 0.05$）。不同淤积阶段的（LAP+NAG）∶AP 的值变化范围为 1.11～1.46［图 6-7（c）］，ST-4 阶段（LAP+NAG）∶AP 的值显著高于其他阶段。

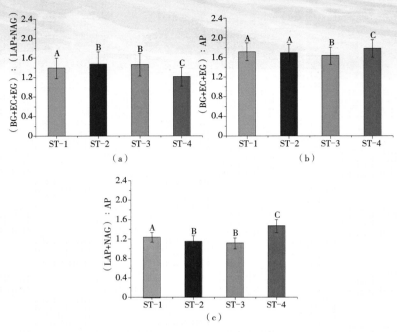

图 6-10　不同淤积阶段土壤酶计量比变化

注：图中大写字母表示不同淤积阶段酶计量比差异达到显著性水平（$P < 0.05$）。

土壤酶化学计量的向量特征在不同侵蚀阶段中所表现出的变化趋势如图 6-11 所示。随着淤积阶段的前移（淤积深度降低），向量长度逐渐降低，且 ST-1 阶段向量长度最大，ST-4 阶段向量长度最小，表明 ST-1 阶段受到碳限制最为显著，随着淤积深度的增加碳限制逐渐减弱。在整个沉积剖面，不同淤积阶段的向量角度始终小于 45°，表明整个沉积剖面土壤微生物始终受到磷的限制作用。

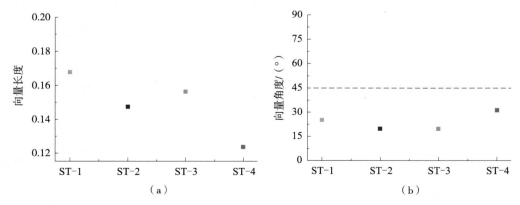

图 6-11　不同淤积阶段土壤酶化学计量的向量长度和角度变化

6.4 不同淤积阶段土壤微生物群落分布规律

6.4.1 板孔平均颜色变化率

沉积区不同淤积阶段土壤微生物群落对碳源利用能力随培养时间的变化规律如图 6-12 所示。在每个培养周期内，随着培养时间的延长，AWCD 值随之增加，土壤微生物对碳源的利用能力也随之增加。在整个培养周期内（0～70 d），各淤积阶段的 AWCD 值在培养的第 5 天达到最大值，且 ST-1 阶段在每个培养的周期内，AWCD 值均高于其他阶段。在培养的第 1 天，ST-4 阶段的 AWCD 值要高于 ST-2 阶段和 ST-3 阶段阶段，但要低于 ST-1 阶段，随着整体培养时间的增加，ST-4 阶段的 AWCD 值较其他淤积阶段逐渐下降，直至培养结束，ST-1 阶段和 ST-2 阶段的 AWCD 值要高于 ST-3 阶段和 ST-4 阶段。从对碳源利用能力的角度来理解，处于沉积剖面上部的 ST-1 阶段和 ST-2 阶段的土壤中，可供微生物生存的物质条件以及环境条件较处于底部的 ST-3 阶段和 ST-4 阶段的微生物所处的条件要更加适宜。这是因为，随着培养时间的增加，底部的微生物逐渐失活，导致微生物对碳源的利用能力逐渐降低，而上部的微生物虽然也有所降低，但相对于底部微生物活性处于相对较高的水平，因此，上部土层中的微生物对碳源的利用能力也相对较高。

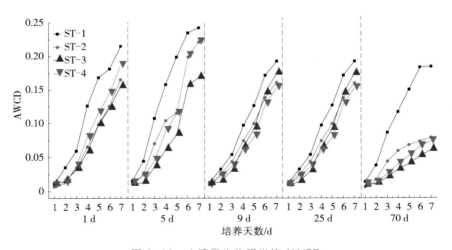

图 6-12 土壤微生物吸光值 AWCD

整体来看，沉积剖面中不同淤积阶段的土壤在培养过程中，不同培养天数下土壤微生物 AWCD 值逐渐上升，表明土壤微生物群落活性提高，对总碳源的利用呈逐渐增加趋势。ST-3 阶段和 ST-4 阶段对土壤碳源的利用率基本处于最低的状态，而 ST-1 阶段和 ST-2 阶段的土壤微生物密度基本处于较高的水平，尤其是处于沉积剖面上部的 ST-1 阶段。

6.4.2　不同类型碳源的利用强度

从图 6-13 中可以看出，沉积剖面中不同淤积阶段中土壤微生物对氨基酸类碳源的利用程度要高于其他碳源类型。不同淤积阶段土壤微生物随着培养时间的增加，对各碳源的利用程度存在差异。

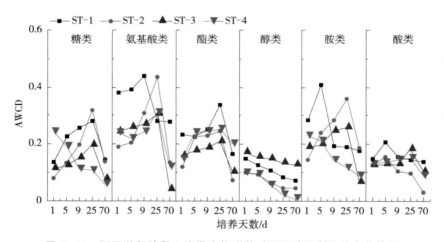

图 6-13　不同淤积阶段土壤微生物群落对不同碳源利用的变化特征

糖类碳源：ST-1 阶段、ST-2 阶段和 ST-3 阶段土壤微生物随着培养时间的增加对糖类碳源的利用程度呈现出先增加（1～25 d）之后急剧降低（25～70 d）的变化规律，而 ST-4 阶段土壤微生物对糖类碳源的利用能力则呈现随着培养时间的增加逐渐降低的变化规律。

氨基酸类碳源：不同淤积阶段对氨基酸类碳源的利用程度随着培养时间的增加均表现为先增加后降低的规律，但不同阶段土壤微生物对氨基酸类碳源利用能力对时间的响应存在差异。ST-1 阶段在培养的第 9 天对氨基酸类碳源的利用能力达到最大值，而其他阶段则在第 25 天对氨基酸类碳源的利用能力达到最大值。

　　酯类碳源：ST-1 阶段和 ST-3 阶段土壤微生物对酯类碳源的利用能力随着培养时间的增加呈现出先增加（0～25 d）后降低（25～70 d）的变化规律，而 ST-2 阶段和 ST-4 阶段则在 1～5 d 先增加，5～25 天基本处于持平的状态之后的 25～70 天再降低的变化规律。

　　醇类碳源：沉积区不同淤积阶段土壤微生物对醇类碳源的利用能力随着培养时间的增加均呈现出逐渐降低的变化规律，ST-3 阶段土壤微生物对醇类碳源的利用能力显著高于其他阶段。

　　胺类碳源：ST-1 阶段、ST-2 阶段和 ST-3 阶段土壤微生物对胺类碳源的利用逐渐增加之后降低的变化规律，但不同阶段土壤微生物对胺类碳源的利用能力达到最大值的培养天数存在差异，ST-1 阶段、ST-2 阶段和 ST-3 阶段达到最大值的天数分别为 3 d、55 d 和 55 d。ST-4 阶段土壤微生物对胺类碳源的利用能力随着培养时间的增加逐渐降低。

　　酸类碳源：各淤积阶段土壤微生物随着培养时间的增加对酸类碳源的利用能力先增加后降低，其中 ST-1 阶段和 ST-2 阶段在培养的第 5 天对酸类碳源的利用能力达到最大值，ST-3 阶段和 ST-4 阶段在培养的第 25 天对酸类碳源的利用能力达到最大值。

6.4.3　土壤微生物群落多样性指数

　　不同淤积阶段土壤微生物群落均匀度见表 6-4。位于沉积剖面上部 ST-1 阶段土壤微生物群落随着培养时间的增加均匀度逐渐降低，ST-2 阶段、ST-3 阶段和 ST-4 阶段均匀度则随着培养时间的增加逐渐升高。在培养的开始阶段，ST-1 阶段微生物均匀度分别是其他阶段的 1.51 倍、1.74 倍和 1.92 倍。直至培养结束，ST-1 阶段微生物均匀度分别是其他阶段的 0.57 倍、0.58 倍和 0.83 倍。在整个培养周期内，各淤积阶段土壤培养 70 d 后微生物群落均匀度分别是 1 天微生物群落均匀度的 0.76 倍、2.00 倍、2.25 倍和 1.75 倍。

表 6-4　不同淤积阶段土壤微生物群落均匀度

阶段	1 d	5 d	9 d	25 d	70 d
ST-1	1.48	1.32	1.22	1.16	1.13
ST-2	0.98	1.16	1.14	1.89	1.96
ST-3	0.85	1.09	1.23	1.47	1.92
ST-4	0.77	1.02	1.01	1.13	1.35

从表 6-5 中可以看出，不同淤积阶段土壤微生物群落丰富度整体的变化规律与土壤微生物群落均匀度的变化规律相同。位于沉积剖面上部 ST-1 阶段土壤微生物群落随着培养时间的增加均匀度逐渐降低，培养 70 d 后的土壤微生物群落丰富度是 1 d 的 1.08 倍。ST-2 阶段、ST-3 阶段和 ST-4 阶段土壤微生物丰富度则随着培养时间的增加逐渐升高，且培养 70 d 后的土壤微生物群落丰富度是 1 d 的 1.29 倍、1.16 倍和 1.33 倍。

表 6-5 不同淤积阶段土壤微生物群落丰富度

阶段	1 d	5 d	9 d	25 d	70 d
ST-1	3.22	3.19	3.17	3.16	2.98
ST-2	2.93	3.05	3.13	3.23	3.79
ST-3	2.97	3.04	3.10	3.18	3.45
ST-4	2.41	3.02	3.04	3.12	3.22

不同淤积阶段土壤微生物群落优势度整体的变化规律与土壤微生物群落均匀度和丰富度的变化规律呈相反的变化规律（表 6-6）。位于沉积剖面上部 ST-1 阶段土壤微生物群落随着培养时间的增加优势度逐渐升高，培养 70 d 后的土壤微生物群落丰富度是 1 d 的 2.34 倍。ST-2 阶段、ST-3 阶段和 ST-4 阶段土壤微生物优势度则随着培养时间的增加逐渐降低，且培养 70 d 后的土壤微生物群落丰富度是 1 d 的 0.48 倍、0.27 倍和 0.31 倍。

表 6-6 不同淤积阶段土壤微生物群落优势度

阶段	1 d	5 d	9 d	25 d	70 d
ST-1	0.29	0.36	0.47	0.56	0.68
ST-2	0.56	0.49	0.35	0.30	0.27
ST-3	0.61	0.51	0.38	0.19	0.17
ST-4	0.41	0.37	0.23	0.18	0.13

6.4.4 土壤微生物群落主成分分析

对不同侵蚀源区土壤的 Biolog-ECO 微平板上的 31 种碳源底物利用情况进行主成分分析，结果见图 6-14。主成分的提取原则是相对应特征值大于 1 的前 m 个主成分，据此原则，对土壤碳源底物利用情况共提取 4 个主成分，累积贡献率达到 100%。

其中，沉积区 ST-1 阶段第一主成分（PC-1）和第二主成分（PC-2）分别占贡献率的 41.0% 和 26.6%；ST-2 阶段第一主成分（PC-1）和第二主成分（PC-2）分别占贡献率的 53.6% 和 20.6%；ST-3 阶段第一主成分（PC-1）和第二主成分（PC-2）分别占贡献率的 47.1% 和 23.4%；ST-4 阶段第一主成分（PC-1）和第二主成分（PC-2）分别占贡献率的 54.5% 和 18.9%。

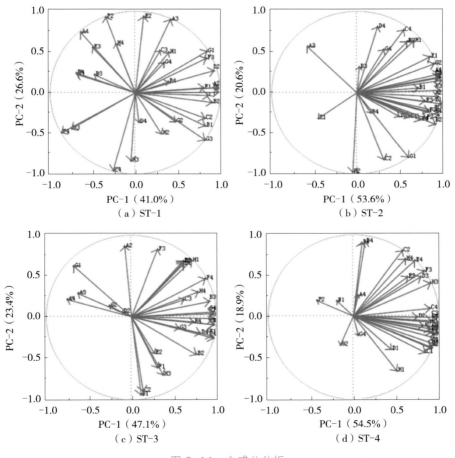

图 6-14　主成分分析

沉积区 ST-1 阶段 31 种碳源的主成分载荷因子见表 6-7，集中在 PC-1 上主要有 14 种碳源，决定了 PC-1 的变异，其中糖类碳源占 28.5%，在糖类碳源中，D- 木糖、β- 甲基 D- 葡萄糖苷、a- 环状糊精和 D- 纤维二糖占主导地位；酯类碳源和胺类碳源各占 21.4%，在酯类碳源中丙酮酸甲酯、吐温 40 和吐温 80 占主导地位；在胺类碳源中，腐胺和 N- 乙酰基 -D- 葡萄胺占主导地位；醇类和酸类碳源各占 14.2%，在醇类碳源中，I- 赤藻糖醇和 D- 甘露醇占主导地位；在酸类碳源中，衣康酸和 a- 丁酮酸占主导地位。可见影响 PC-1 阶段的主要为糖类碳源。决定 PC-2 变异的主要碳源有4 种，分别为氨基酸类（L- 精氨酸），酯类（D- 半乳糖酸 γ 内酯）和酸类（D- 氨基葡萄糖酸和 2- 羟苯甲酸）。

表 6-7　ST-1 阶段 31 种碳源的主成分载荷因子

序号	碳源类型	PC-1	PC-2	序号	碳源类型	PC-1	PC-2
B1	丙酮酸甲酯	0.819	-0.405	F2	D- 氨基葡萄糖酸	-0.348	0.926
C1	吐温 40	0.856	-0.034	C3	2- 羟苯甲酸	0.289	0.515
D1	吐温 80	0.976	0.004	D3	4- 羟基苯甲酸	-0.750	-0.439
B2	D- 木糖	0.897	-0.119	E3	r- 羟基丁酸	-0.499	0.551
H1	a-D- 乳糖	0.390	0.493	F3	衣康酸	0.831	0.422
A2	β- 甲基 D- 葡萄糖苷	0.976	0.063	G3	a- 丁酮酸	0.817	-0.577
G2	葡萄糖 -1- 磷酸盐	0.470	-0.354	H3	D- 苹果酸	-0.053	-0.837
E1	a- 环状糊精	0.803	0.061	A4	L- 精氨酸	-0.642	0.741
F1	肝糖	-0.680	0.222	B4	L- 天冬酰胺酸	0.385	0.131
C2	I- 赤藻糖醇	0.815	-0.311	C4	L- 苯基丙氨酸	-0.263	-0.958
D2	D- 甘露醇	0.920	0.269	D4	L- 丝氨酸	0.040	-0.359
G4	苯乙基胺	0.335	0.366	E4	L- 苏氨酸	-0.693	0.242
B3	D- 半乳糖醛酸	-0.479	0.219	F4	甘氨酰 -L- 谷氨酸	-0.865	-0.485
G1	D- 纤维二糖	0.842	0.507	H4	腐胺	-0.228	0.599
H2	D,L-a- 甘油	0.304	-0.503	E2	N- 乙酰基 -D- 葡萄胺	0.098	0.932
A3	D- 半乳糖酸 γ 内酯	0.411	0.897	—	—	—	—

　　沉积区 ST-2 阶段 31 种碳源的主成分载荷因子见表 6-8，集中在 PC-1 上的碳源主要有 22 种，决定了 PC-1 的变异，其中酸类碳源占 31.8%，在酸类碳源中，D- 氨基葡萄糖酸、2- 羟苯甲酸、4- 羟基苯甲酸、r- 羟基丁酸、衣康酸、a- 丁酮酸和 D- 苹果酸占主导地位；糖类碳源占 27.2%，在糖类碳源中，D- 木糖、a-D- 乳糖、β- 甲基 D- 葡萄糖苷、葡萄糖 -1- 磷酸盐、a- 环状糊精和 D- 纤维二糖占主导地位；氨基酸类碳源占 18.1%，在氨基酸类碳源中，L- 精氨酸、L- 苯基丙氨酸、L- 苏氨酸和甘氨酰 -L- 谷氨酸占主导地位；酯类碳源占 13.6%，在酯类碳源中，丙酮酸甲酯、吐温 40

和吐温 80 占主导地位；胺类碳源占 9%，在胺类碳源中，腐胺和 N- 乙酰基 -D- 葡萄胺占主导地位。可见影响 PC-1 阶段的主要为酸类碳源。决定 PC-2 变异的主要碳源有 5 种，分别为糖类（a-D- 乳糖）、氨基酸类（L- 苯基丙氨酸）、酯类（D- 半乳糖酸 γ 内酯）、醇类（L- 丝氨酸）和胺类（N- 乙酰基 -D- 葡萄胺）。

表 6-8　ST-2 阶段 31 种碳源的主成分载荷因子

序号	碳源类型	PC-1	PC-2	序号	碳源类型	PC-1	PC-2
B1	丙酮酸甲酯	0.711	0.055	F2	D- 氨基葡萄糖酸	0.803	-0.314
C1	吐温 40	0.614	-0.300	C3	2- 羟苯甲酸	0.955	0.190
D1	吐温 80	0.988	-0.140	D3	4- 羟基苯甲酸	0.968	0.026
B2	D- 木糖	0.914	-0.389	E3	r - 羟基丁酸	0.790	-0.107
H1	a-D- 乳糖	0.666	0.633	F3	衣康酸	0.832	-0.230
A2	β- 甲基 D- 葡萄糖苷	0.945	-0.052	G3	a- 丁酮酸	0.961	0.179
G2	葡萄糖 -1- 磷酸盐	0.899	0.352	H3	D- 苹果酸	0.956	-0.234
E1	a- 环状糊精	0.851	0.438	A4	L- 精氨酸	0.961	0.226
F1	肝糖	-0.452	-0.314	B4	L- 天冬酰胺酸	0.160	-0.249
C2	I- 赤藻糖醇	0.310	-0.826	C4	L- 苯基丙氨酸	0.546	0.768
D2	D- 甘露醇	0.491	-0.291	D4	L- 丝氨酸	0.240	0.808
G4	苯乙基胺	0.314	0.529	E4	L- 苏氨酸	0.740	-0.336
B3	D- 半乳糖醛酸	0.028	0.316	F4	甘氨酰 -L- 谷氨酸	0.988	0.149
G1	D- 纤维二糖	0.599	-0.797	H4	腐胺	0.951	-0.279
H2	D,L-a- 甘油	-0.050	-0.980	E2	N- 乙酰基 -D- 葡萄胺	0.586	0.625
A3	D- 半乳糖酸 γ 内酯	-0.581	0.567	—	—	—	—

沉积区 ST-3 阶段 31 种碳源的主成分载荷因子见表 6-9，集中在 PC-1 上的碳源主要有 19 种，决定了 PC-1 的变异，其中酸类碳源占 31.5%，在酸类碳源中，D- 半乳糖醛酸、D- 氨基葡萄糖酸、2- 羟苯甲酸、4- 羟基苯甲酸、r- 羟基丁酸和 a- 丁酮酸占主导地位；氨基酸类占 26.3%，在氨基酸类中，L- 天冬酰胺酸、L- 苯基丙氨酸、L- 丝氨酸、L- 苏氨酸和甘氨酰 -L- 谷氨酸占主导地位；糖类碳源占 15.7%，在糖类碳源中，D- 木糖、a-D- 乳糖和 a- 环状糊精占主导地位；脂类和胺类各占 10.5%，在脂类碳源中，吐温 40 和吐温 80 占主导地位；在胺类碳源中，苯乙基胺和腐胺占主导地位；醇类碳源占 5.2%，在醇类碳源中，D,L-a- 甘油占主导地位。可见影响 PC-1 阶段的

主要为酸类碳源。决定 PC-2 变异的主要碳源有 7 种，分别为糖类（a-D- 乳糖、β- 甲基 D- 葡萄糖苷和 D- 纤维二糖）、酯类（吐温 80）、醇类（D,L-a- 甘油）和酸类（r- 羟基丁酸和衣康酸）。

表 6-9　ST-3 阶段 31 种碳源的主成分载荷因子

序号	碳源类型	PC-1	PC-2	序号	碳源类型	PC-1	PC-2
B1	丙酮酸甲酯	0.110	−0.940	F2	D- 氨基葡萄糖酸	0.964	−0.098
C1	吐温 40	0.963	0.036	C3	2- 羟苯甲酸	0.611	0.207
D1	吐温 80	0.612	0.640	D3	4- 羟基苯甲酸	0.959	−0.025
B2	D- 木糖	0.758	−0.456	E3	r - 羟基丁酸	0.604	0.676
H1	a-D- 乳糖	0.707	0.679	F3	衣康酸	0.305	0.823
A2	β- 甲基 D- 葡萄糖苷	−0.077	0.857	G3	a- 丁酮酸	0.552	−0.142
G2	葡萄糖 -1- 磷酸盐	−0.260	0.136	H3	D- 苹果酸	0.367	−0.699
E1	a- 环状糊精	0.941	−0.233	A4	L- 精氨酸	−0.752	0.213
F1	肝糖	0.300	−0.611	B4	L- 天冬酰胺酸	0.724	−0.065
C2	I- 赤藻糖醇	0.133	−0.892	C4	L- 苯基丙氨酸	0.959	−0.259
D2	D- 甘露醇	−0.105	0.057	D4	L- 丝氨酸	0.803	−0.201
G4	苯乙基胺	0.962	0.056	E4	L- 苏氨酸	0.962	−0.097
B3	D- 半乳糖醛酸	0.915	0.185	F4	甘氨酰 -L- 谷氨酸	0.864	0.459
G1	D- 纤维二糖	−0.678	0.616	H4	腐胺	0.781	0.301
H2	D,L-a- 甘油	0.616	0.665	E2	N- 乙酰基 -D- 葡萄胺	0.269	−0.442
A3	D- 半乳糖酸 γ 内酯	−0.629	0.287	—	—	—	—

　　沉积区 ST-4 阶段 31 种碳源的主成分载荷因子见表 6-10，集中在 PC-1 上的碳源主要有 23 种，决定了 PC-1 的变异，其中酸类碳源占 30.4%，在酸类碳源中，D- 半乳糖醛酸、2- 羟苯甲酸、4- 羟基苯甲酸、r- 羟基丁酸、衣康酸、a- 丁酮酸和 D- 苹果酸占主导地位；糖类碳源占 21.7%，在糖类碳源中，D- 木糖、a-D- 乳糖、β- 甲基 D- 葡萄糖苷、a- 环状糊精和 D- 纤维二糖占主导地位；氨基酸类占 17.35%，在氨基酸类中，L- 苯基丙氨酸、L- 丝氨酸、L- 苏氨酸和甘氨酰 -L- 谷氨酸占主导地位；醇类碳源占 13.0%，在醇类碳源中，I- 赤藻糖醇、D- 甘露醇和 D,L-a- 甘油占主导地位；脂类和胺类占 8.6%，在脂类碳源中，吐温 40 和 D- 半乳糖酸 γ 内酯占主导地位；胺类碳源中腐胺和 N- 乙酰基 -D- 葡萄胺占主导地位。可见影响 PC-1 阶段的主要为酸类碳

源。决定 PC-2 变异的主要碳源有 5 种，分别为氨基酸类（L- 天冬酰胺酸和 L- 苏氨酸）、脂类（丙酮酸甲酯）、醇类（I- 赤藻糖醇）和胺类（腐胺）。

表 6-10　ST-4 阶段 31 种碳源的主成分载荷因子

序号	碳源类型	PC-1	PC-2	序号	碳源类型	PC-1	PC-2
B1	丙酮酸甲酯	0.103	0.903	F2	D- 氨基葡萄糖酸	−0.424	0.193
C1	吐温 40	0.837	−0.441	C3	2- 羟苯甲酸	0.982	−0.018
D1	吐温 80	0.442	−0.403	D3	4- 羟基苯甲酸	0.788	0.474
B2	D- 木糖	0.893	−0.157	E3	r- 羟基丁酸	0.975	−0.210
H1	a-D- 乳糖	0.504	−0.658	F3	衣康酸	0.825	0.548
A2	β- 甲基 D- 葡萄糖苷	0.810	−0.118	G3	a- 丁酮酸	0.904	−0.06
G2	葡萄糖 -1- 磷酸盐	−0.153	−0.345	H3	D- 苹果酸	0.899	0.398
E1	a- 环状糊精	0.994	−0.085	A4	L- 精氨酸	0.056	0.254
F1	肝糖	−0.191	0.189	B4	L- 天冬酰胺酸	0.138	0.914
C2	I- 赤藻糖醇	0.574	0.798	C4	L- 苯基丙氨酸	0.893	0.091
D2	D- 甘露醇	0.744	−0.016	D4	L- 丝氨酸	0.937	−0.338
G4	苯乙基胺	0.056	−0.233	E4	L- 苏氨酸	0.719	0.672
B3	D- 半乳糖醛酸	0.904	−0.202	F4	甘氨酰 -L- 谷氨酸	0.979	−0.144
G1	D- 纤维二糖	0.912	−0.379	H4	腐胺	0.607	0.691
H2	D,L-a- 甘油	0.908	−0.390	E2	N- 乙酰基 -D- 葡萄胺	0.635	0.476
A3	D- 半乳糖酸 γ 内酯	0.950	−0.267	—	—	—	—

综上所述，沉积区随着淤积阶段的前移（淤积深度加深）土壤微生物对碳源的利用程度由 ST-1 阶段的糖类碳源为主逐渐变为酸类碳源（ST-2～ST-4 阶段），且不同的淤积阶段对碳源利用的种类也存在较大的差异。

6.4.5　土壤微生物生理碳代谢指纹图谱

沉积区不同淤积阶段的碳代谢指纹图谱如图 6-15 所示。由图 6-15 可知，ST-1 阶段对 B1(丙酮酸甲酯)、H1(a-D- 乳糖)、G2(葡萄糖 -1- 磷酸盐)、H2(D,L-a- 甘油)、F2(D- 氨基葡萄糖酸)、E3(r- 羟基丁酸)、G3(a- 丁酮酸)、A4(L- 精氨酸) 和 E4(L- 苏氨酸) 碳源的利用程度最高。ST-2 阶段对 G4（苯乙基胺）、C3（2- 羟苯甲酸）、C4（L- 苯基丙氨酸）碳源的利用程度最高。ST-3 阶段对 H1（a-D- 乳糖)、D2（D- 甘露醇）、G1（D- 纤维二糖）、F3（衣康酸）碳源的利用程度最高。ST-4 阶段对 C1（吐温 40）、D1（吐温 80）、B2（D- 木糖）、B4（L- 天冬酰胺酸）碳源的利用程度最高。

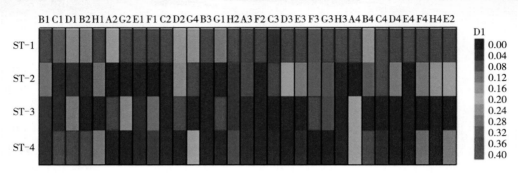

图 6-15　不同淤积阶段土壤微生物碳代谢指纹图谱

6.5　不同淤积阶段土壤细菌及真菌分布特征

6.5.1　细菌

6.5.1.1　土壤细菌稀释曲线

本书以 338F-806R 为引物，采用 MiSeq 高通量测序技术对不同淤积阶段的土壤细菌群落进行测序，共获得 8.27×10^5 个有效序列。细菌的 Coverage 指数为 0.95～0.97，细菌稀释曲线趋于稳定（图 6-16），说明测序深度足够覆盖大部分细菌。

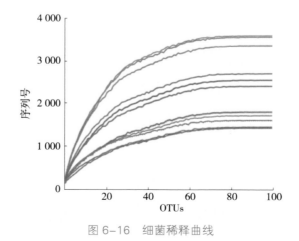

图 6-16　细菌稀释曲线

6.5.1.2　土壤细菌群落

高通量测序数据分析显示，在门水平下变形菌（*Proteobacteria*）、放线菌（*Actinobacteria*）、拟杆菌（*Bacteroidetes*）、芽单胞菌（*Gemmatiomonadetes*）、绿弯菌（*Chloroflexi*）、浮霉菌（*Planctomycetes*）是淤积层中细菌群落所占丰度较高的细菌门，其平均相对丰度变化范围分别为 43.53%～68.83%、12.21%～14.71%、3.93%～9.41%、2.49%～10.34%、1.55%～6.35% 和 2.73%～5.35%（图 6-17）。变形菌相对于其他菌类占细菌群落最高，是土壤中最重要的细菌门。纲水平细菌群落主要由 γ- 变形菌（*Gammaproteobacteria*）、α- 变形菌（*Alphaproteobacteria*）、放线菌（*Actinobacteria*）、拟杆菌（*Bacteroidetes*）、芽单胞菌（*Gemmatiomonadetes*）、δ- 变形菌（*Deltaproteobacteria*）等组成。其相对丰度变化范围分别为 29.91%～48.67%、17.80%～26.97%、5.49%～12.22%、4.84%～10.48%、2.35%～12.50% 和 2.51%～8.63%。其中，γ- 变形菌和 α- 变形菌占整个细菌群落的 50% 左右，是土壤中最主要的细菌纲。

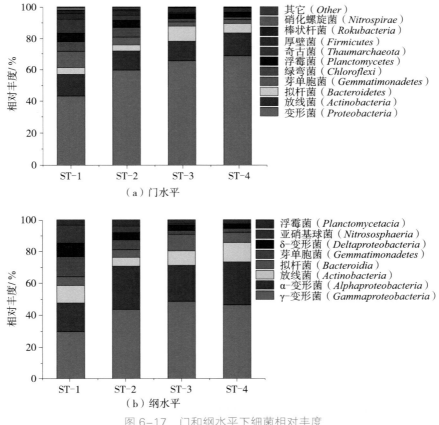

图 6-17　门和纲水平下细菌相对丰度

进一步分析目与科水平下细菌群落组成发现（图 6-18），β- 变形菌（*Betaproteo-bacteriales*）、鞘氨醇单胞菌（*Sphingomonadales*）、芽单胞菌（*Gemmatimonadales*）、根瘤菌（*Rhizobiales*）、微球菌（*Micrococcales*）和假单胞菌（*Pseudomonadales*）是目水平中最主要的细菌类群。它们平均相对丰度分别为 36.68%、17.70%、9.06%、8.81%、8.29% 和 7.78%。对于科水平细菌群落而言，伯克氏菌（*Burkholderiaceae*）、鞘脂单胞菌（*Sphingomonadaceae*）、芽单胞菌（*Gemmatimonadaceae*）、微球菌（*Micrococcaceae*）、亚硝化单胞菌（*Nitrososphaeraceae*）和噬几丁质菌（*Chitinophagaceae*）是科水平中最主要的细菌类群。它们平均相对丰度分别为 35.01%、23.43%、11.58%、9.76%、8.02% 和 6.33%。

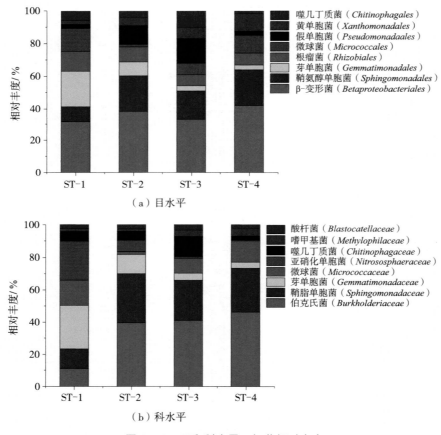

图 6-18　目和科水平下细菌相对丰度

通过单因素方差分析法对不同淤积阶段（ST-1、ST-2、ST-3、ST-4）的相对丰度排名的细菌门进行方差分析，采用 Tukey 方法进行显著性检验（图 6-19）。由图 6-19 可知，在门水平下，芽单胞菌、绿弯菌、奇古菌、棒状杆菌以及硝化螺旋菌在不同淤积阶段表现出显著差异性。在纲的水平下，不同淤积阶段仅芽单胞菌、δ- 蛋白菌和亚硝基球菌表现出显著差异性。

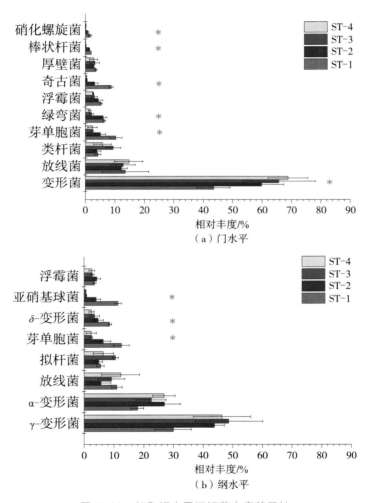

图 6-19　门和纲水平下细菌丰度差异性

由图 6-20 可知，不同淤积阶段在目水平下的鞘脂单胞菌、芽单胞菌和根瘤菌相对丰度存在显著差异性。在科的水平下，不同淤积阶段下伯克氏菌、鞘脂单胞菌、双翅目和亚硝基苯表现出显著差异性。

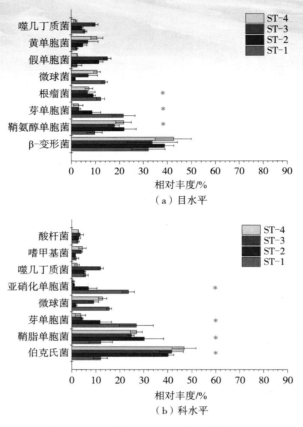

图 6-20　目和科水平下细菌丰度差异性

6.5.1.3　Alpha 多样性

基于 97% 相似水平，利用 Venn 图统计得到不同淤积阶段（ST-1、ST-2、ST-3、ST-4）所共和独有的 OTU 数目（图 6-21）。结果表明，ST-1 阶段、ST-2 阶段、ST-3 阶段、ST-4 阶段共有的 OTU 数为 134 个，占细菌群落总 OTU 数的 28.2%。ST-1 阶段独有的 OTU 数为 72 个，ST-2 阶段独有的 OTU 数为 81 个，ST-3 阶段独有的 OTU 数为 90 个，ST-4 阶段独有的 OTU 数为 97 个。ST-4 阶段独有的 OTU 数最多，ST-1 阶段独有的 OTU 数最少。

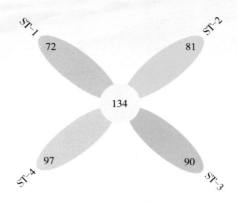

图 6-21　细菌序列的 Venn

不同侵蚀源区的 Alpha 多样性指数汇总于表 6-11。OTUs 范围为 64 384～73 661，CHAO 指数范围为 1 535.33～3 494.03，Simpson 指数范围为 0.007～0.038。从 ST-1 阶段到 ST-4 阶段淤积深度逐渐加深，土壤丰富度逐渐降低，多样性水平越差。这表明随着淤积深度的增加，土壤中特有的细菌群落逐渐占据主导地位，而某些特殊群落由于环境（水、热、气）的改变，逐渐消失。因此表现出 CHAO 指数和 Simpson 指数逐渐降低。

表 6-11　不同淤积阶段土壤细菌群落丰度和多样性指数

类型	OTUs	CHAO	Simpson
ST-1	64 471	3 494.03	0.038
ST-2	64 384	2 549.10	0.031
ST-3	73 232	1 619.66	0.014
ST-4	73 661	1 535.33	0.007

6.5.1.4　土壤细菌群落进化分析

本书通过对科水平细菌类群构建系统进化树发现，所有 Cbbl 可分为两大进化枝（图 6-22）。超过 80% 的 Cbbl 序列属于兼性厌氧型菌进化枝，其余的 Cbbl 序列属于专性需氧型菌进化枝，由此也可以说明兼性厌氧型是总细菌群落的优势菌群。鞘脂单胞菌（*Sphingomonadaceae*）和微球菌（*Micrococcaceae*）分别是群落中相对丰度最高的兼性厌氧型与专性需氧型细菌。

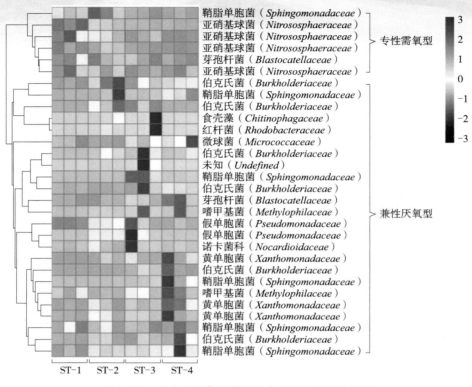

图 6-22　科水平细菌群落相对丰度热图及其进化树

6.5.2　真菌

6.5.2.1　土壤真菌稀释曲线

采用 MiSeq 高通量测序技术对不同淤积阶段土壤真菌群落进行测序，共获得 447 383 个经过质量筛选和优化的 18S rRNA 基因序列。所有土壤样品的真菌群落的稀释曲线表明随抽取序列数增加，各样本获得的 OTU 数量基本趋于稳定（图 6-23）。表明测序数据能够代表每个土壤样本的实际情况，测序数量合理，测序深度足够，足够覆盖大部分真菌。

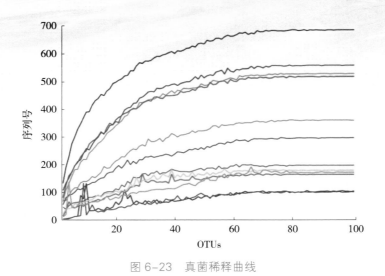

图 6-23　真菌稀释曲线

6.5.2.2　土壤真菌群落

高通量测序数据分析显示在门水平下，被孢霉（*Mortierellomycota*）、子囊菌（*Ascomycota*）、担子菌（*Basidiomycota*）和丝足虫类（*Cercozoa*）是淤积层土壤真菌群落中所占丰度较高的真菌门，其平均相对丰度变化范围分别为 7.22%～92.32%、3.91%～74.64%、0.40%～6.04% 和 0.02%～3.56%，详见图 6-24（a）。被孢霉和子囊菌相对于其他菌类占真菌群落最高，是土壤中最重要的真菌门。纲水平真菌群落主要由被孢霉（*Mortierellomycetes*）、粪壳菌（*Sordariomycetes*）、散囊菌（*Eurotiomycetes*）、伞菌（*Agaricomycetes*）和座囊菌（*Dothideomycetes*）等组成。其相对丰度变化范围分别为 9.19%～96.40%、1.14%～78.61%、1.42%～4.76%、0.04%～5.92% 和 0.13%～5.23%［图 6-24（b）］。其中散囊菌和粪壳菌占整个真菌群落的 80% 左右，是土壤中最主要的真菌纲。

进一步分析目与科水平下真菌群落组成发现（图 6-25），被孢霉（*Mortierellales*）、肉座菌（*Hypocreales*）、小囊菌（*Microascales*）、伞菌（*Agaricales*）和刺盾炱（*Chaetothyriales*）是目水平中最主要的真菌类群。它们平均相对丰度分别为 61.74%、26.38%、8.04%、2.76% 和 1.05%。对于科水平真菌群落而言，被孢霉（*Mortierellaceae*）、毛壳菌（*Chaetomiaceae*）、海壳菌（*Halosphaeriaceae*）、小囊菌（*Microascales*）和虫草（*Cordycipitaceae*）是最主要的真菌类群。它们平均相对丰度分别为 75.87%、7.29%、6.27%、5.49% 和 5.07%。

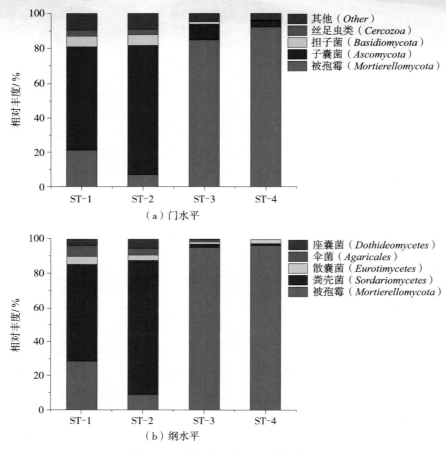

图 6-24　门和纲水平下真菌相对丰度

通过单因素方差分析对不同淤积阶段的相对丰度排名的真菌门进行方差分析，采用 Tukey 方法进行显著性检验（图 6-26）。由图 6-26 可知，在门水平下，被孢霉、子囊菌、担子菌、丝足虫类在不同淤积阶段表现出显著差异性。在纲水平下，在不同淤积阶段被孢霉、粪壳菌和座囊菌表现出显著差异性。

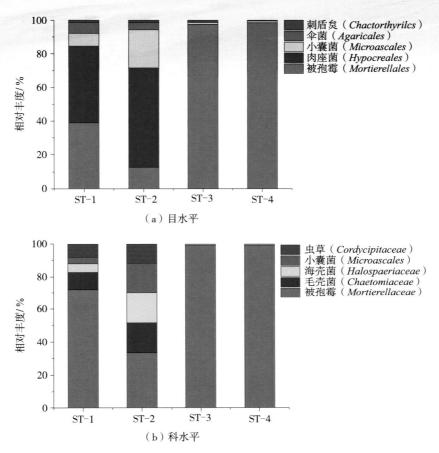

图 6-25　目和科水平下真菌相对丰度

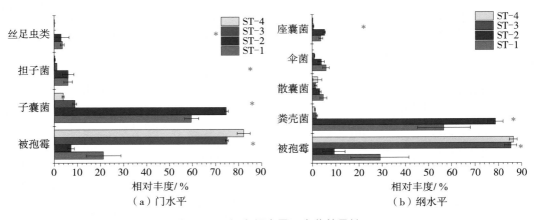

图 6-26　门和纲水平下真菌差异性

由图 6-27 可知，在不同淤积阶段，在目水平下的被孢霉、肉座菌和小囊菌相对丰度存在显著差异性；在科水平下，被孢霉、海壳菌、小囊菌和虫草表现出显著差异性。

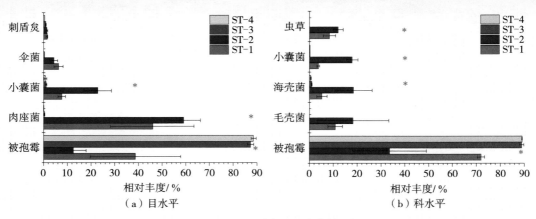

图 6-27　目和科水平下真菌差异性

6.5.2.3　Alpha 多样性

基于 97% 相似水平，利用 Venn 图统计得到不同淤积阶段（ST-1、ST-2、ST-3、ST-4）所共和独有的真菌 OTU 数目（图 6-28）。结果表明，ST-1 阶段、ST-2 阶段、ST-3 阶段、ST-4 阶段共有的 OTU 数为 31 个，占细菌群落总 OTU 数的 11.4%。ST-1 阶段独有的 OTU 数为 109 个，ST-2 阶段独有的 OTU 数为 89 个，ST-3 阶段独有的 OTU 数为 18 个，ST-4 阶段独有的 OTU 数为 24 个。ST-1 阶段独有的 OTU 数最多，ST-3 阶段独有的 OTU 数最少。

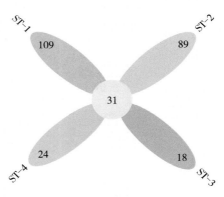

图 6-28　真菌序列 Venn

不同侵蚀源区的真菌 Alpha 多样性指数汇总于表 6-12。OTUs 范围为 30 983～49 526，CHAO 指数范围为 133.8～578.7，Simpson 指数范围为 0.055～0.580。随着淤积深度的增加，土壤真菌 CHAO 指数逐渐降低，且 Simpson 指数也随着降低。这表明在越靠近淤表面的深度，土壤真菌群落逐渐增加，多样性指数升高，与之相反的特有的真菌群落随着淤积深度的上升，逐渐减少。而某些特殊群落由于环境（水、热、气）的改变，逐渐消失。

表 6-12　不同淤积阶段土壤细菌群落丰度和多样性指数

类型	OTUs	CHAO	Simpson
ST-1	35 318	578.7	0.580
ST-2	30 983	406.3	0.055
ST-3	33 299	171.9	0.055
ST-4	49 526	133.8	0.329

6.5.2.4　土壤真菌群落进化分析

本书通过对目水平真菌类群构建系统进化树发现，所有 Cbbl 可分为两大进化枝（图 6-29）。超过 70% 的 Cbbl 序列属于兼性厌氧型菌进化枝，其余的 Cbbl 序列属于专性需氧型菌进化枝，由此也可以说明兼性厌氧型是总细菌群落的优势菌群。肉座菌（*Hypocreales*）和被孢霉（*Mortierellales*）分别是群落中相对丰度最高的兼性厌氧型菌与专性需氧型菌。

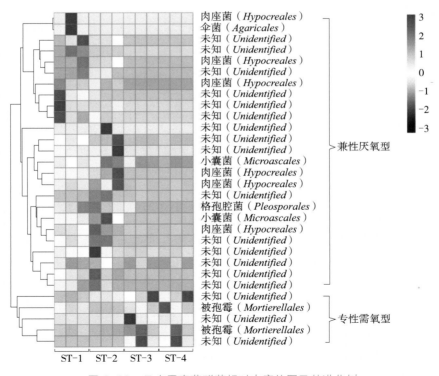

图 6-29　目水平真菌群落相对丰度热图及其进化树

197

6.6 不同淤积阶段有机碳矿化与生物、非生物因子间的关系

6.6.1 不同淤积阶段影响有机碳矿化关键因子识别

以有机碳矿化量为因变量，有机碳、全氮、碳氮比、碳磷比和氮磷比为自变量进行逐步回归分析，结果见表6-13。由表6-13可知，淤积层ST-1阶段、ST-2阶段、ST-3阶段有机碳矿化量的限制性因子均为土壤有机碳含量，而ST-4阶段有机碳矿化的限制性因子为碳氮比。

表6-13 有机碳矿化量与养分指标的逐步回归分析结果

类型	逐步回归模型 预测变量	模型方程	R^2
ST-1	有机碳	$y=0.922-0.081x$	0.997
ST-2	有机碳	$y=1.086-0.510x$	0.998
ST-3	有机碳	$y=1.038-0.494x$	0.994
ST-4	碳氮比	$y=0.736-1.638x$	0.998

利用灰色关联分析法来揭示土壤酶活性对有机碳矿化影响因子的关联程度。选择有机碳矿化量作为特征指标，选择3种碳循环相关酶（β-木糖苷酶、β-葡萄糖苷酶、纤维素酶）、2种氮循环相关酶（亮氨酸酶、β-N-乙酰氨基葡萄糖苷酶）、1种磷循环相关酶（磷酸酶）以及3种对应的酶计量特征值，共计9种序列指标。由表6-14可知，酶碳磷比对ST-1阶段有机碳矿化量的解释程度最高，解释度达到0.86，其次为β-N-乙酰氨基葡萄糖苷酶（0.75）和亮氨酸酶（0.72）。β-木糖苷酶对ST-2阶段有机碳矿化量的解释程度最高，解释度达到0.72，其次为磷酸酶（0.69）和酶碳磷比（0.67）。ST-3阶段有机碳矿化量解释度最高的因子为磷酸酶（0.76），ST-4阶段为β-N-乙酰氨基葡萄糖苷酶（0.74）。

表 6-14　有机碳矿化量与土壤酶指标灰色关联度

类型	β- 木糖苷酶	β- 葡萄糖苷酶	纤维素酶	亮氨酸酶	β-N- 乙酰氨基葡萄糖苷酶	磷酸酶	酶碳氮比	酶碳磷比	酶氮磷比
ST-1	0.65	0.71	0.63	0.72	0.75	0.52	0.71	0.86	0.66
ST-2	0.72	0.66	0.62	0.61	0.64	0.69	0.65	0.67	0.56
ST-3	0.73	0.62	0.71	0.59	0.63	0.76	0.54	0.74	0.53
ST-4	0.70	0.65	0.71	0.67	0.74	0.69	0.73	0.73	0.51

　　基于主成分分析方法对不同淤积阶段影响有机碳矿化量的微生物指标进行分析（图 6-30）。ST-1 阶段，对微生物指标共提取 3 个主成分，累积贡献率为 91.45%。第一主成分（PC-1）的贡献率为 54.6%，第二主成分（PC-2）的贡献率为 24.8%。影响 PC-1 的因子成分为均匀度、丰富度，影响 PC-2 的因子成分为酯类和糖类。ST-2 阶段，对微生物指标共提取 2 个主成分，累积贡献率为 94.43%。第一主成分（PC-1）的贡献率为 50.3%，第二主成分（PC-2）的贡献率为 44.2%。影响 PC-1 的因子成分为均匀度、丰富度，影响 PC-2 的因子成分为酯类和 AWCD。ST-3 阶段，对微生物指标共提取 2 个主成分，累积贡献率为 97.98%。第一主成分（PC-1）的贡献率为 66.9%，第二主成分（PC-2）的贡献率为 31.1%。影响 PC-1 的因子成分为氨基酸类和胺类，影响 PC-2 的因子成分为均匀度和酸类。ST-4 阶段，对微生物指标共提取 2 个主成分，累积贡献率为 91.58%。第一主成分（PC-1）的贡献率为 65.8%，第二主成分（PC-2）的贡献率为 25.8%。影响 PC-1 的因子成分为糖类和胺类，影响 PC-2 的因子成分为酯类和酸类。

　　应用多元线性回归分析进一步揭示淤积层土壤生物（变形菌、放线菌、类杆菌、芽单胞菌、绿弯菌、浮霉菌、奇古菌、厚壁菌、棒状杆菌、硝化螺旋菌、被孢霉、子囊菌、担子菌、丝足虫类）对有机碳矿化量变化的内在机制。由表 6-15 可知，ST-1 阶段硝化螺旋菌和放线菌共同对有机碳矿化量的动态变化解释程度为 84.8%，说明硝化螺旋菌和放线菌是影响淤积层 ST-1 阶段有机碳矿化量的主要因子。ST-2 阶段绿弯菌和子囊菌共同对有机碳矿化量的动态变化解释程度为 99.0%。ST-3 阶段有机碳矿化量主要受放线菌和类杆菌共同作用影响，影响程度为 92.9%。ST-4 阶段有机碳矿化量主要受类杆菌和浮霉菌共同作用影响，影响程度为 95.5%。

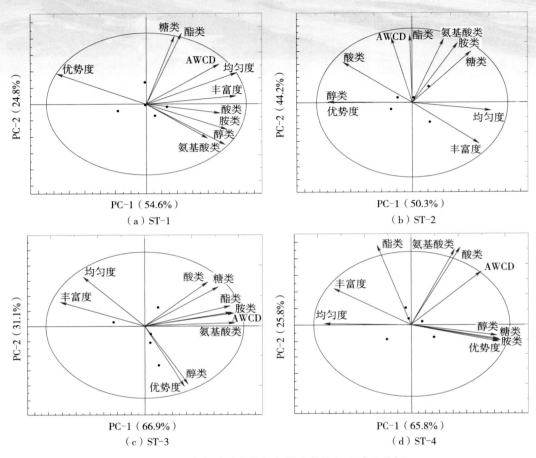

图 6-30　有机碳矿化指标与微生物指标主成分分析

表 6-15　多元回归分析结果

类型	回归方程	变化解释程度 /%
ST-1	矿化量 = 0.164 + 0.09 × 硝化螺旋菌 + 0.001 × 放线菌	84.8
ST-2	矿化量 = - 3.324 + 0.173 × 绿弯菌 + 0.032 × 子囊菌	99.0
ST-3	矿化量 = - 0.053 + 0.014 × 放线菌 + 0.001 × 类杆菌	92.9
ST-4	矿化量 = - 0.418 + 0.066 × 类杆菌 + 0.063 × 浮霉菌	95.5

6.6.2　定量解析关键因子对有机碳矿化的影响

从图 6-31 中可以看出，淤积层 ST-1 阶段 8 种影响因子（第一阶）对有机碳矿化量的直接贡献率分别为均匀度（0.007 9）、丰富度（0.007 1）、硝化螺旋菌（0.006 3）、酶碳磷比（0.006 3）、放线菌（0.005 5）、亮氨酸酶（0.004 7）、有机碳（0.003 9）和 β-N-乙酰氨基葡萄糖苷酶（0.003 9）。由此可知，单一因子对有机碳矿化量的作用为 4.62%，因子之间的交互作用对有机碳矿化量的作用为 95.38%。基于灰色关联分析方法将第一阶因子的影响因子作为因变量，选取前 4 位关联度最高的因子作为自变量，产生第二阶影响因子。影响第一阶因子的第二阶因子主要为硝化螺旋菌、放线菌、棒状杆菌、全磷。将第二阶的 32 个因子进行整体分析可以发现，养分类因子占比为 12.5%，土壤酶类因子占比为 12.5%，微生物类因子占比为 25.0%，真菌及细菌类因子占比为 50.0%。

从图 6-32 中可以看出淤积层 ST-2 阶段，8 种影响因子（第一阶）对有机碳矿化量的直接贡献率分别为有机碳（0.031 1）、绿弯菌（0.027 7）、子囊菌（0.021 0）、均匀度（0.014 9）、酶碳磷比（0.009 4）、丰富度（0.008 1）、β- 木糖苷酶（0.007 4）和磷酸酶（0.003 3）。由此可知，单一因子对有机碳矿化量的作用为 12.30%，因子之间的交互作用对有机碳矿化量的作用为 87.70%。基于灰色关联分析方法将第一阶因子的影响因子作为因变量，选取前 4 位关联度最高的因子作为自变量，产生第二阶影响因子。影响第一阶因子的第二阶因子主要为酯类、硝化螺旋菌、被孢霉、丝足虫类等。将第二阶的 32 个因子进行整体分析可以发现，养分类因子占比为 15.6%，土壤酶类因子占比为 18.7%，微生物类因子占比为 28.1%，真菌及细菌类因子占比为 17.5%。

淤积层 ST-3 阶段（图 6-33），8 种影响因子（第一阶）对有机碳矿化量的直接贡献率分别为放线菌（0.071 8）、β- 木糖苷酶（0.039 5）、有机碳（0.008 0）、类杆菌（0.007 1）、氨基酸类（0.005 3）、酶碳磷比（0.004 4）、磷酸酶（0.004 4）和胺类（0.004 4）。由此可知，单一因子对有机碳矿化量的作用为 14.50%，因子之间的交互作用对有机碳矿化量的作用为 85.50%。基于灰色关联分析方法将第一阶因子的影响因子作为因变量，选取前 4 位关联度最高的因子作为自变量，产生第二阶影响因子。影响第一阶因子的第二阶因子主要为 β-N- 乙酰氨基葡萄糖苷酶、类杆菌、浮霉菌、芽单胞菌等。将第二阶的 32 个因子进行整体分析可以发现，养分类因子占比为 9.3%，土壤酶类因子占比为 25.0%，微生物类因子占比为 12.5%，真菌及细菌类因子占比为 53.1%。

淤积层 ST-4 阶段（图 6-34），8 种影响因子（第一阶）对有机碳矿化量的直接

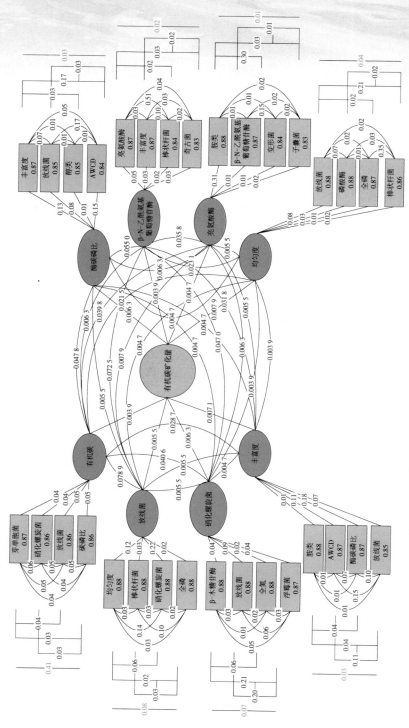

图6-31 ST-1阶段有机碳矿化作用关系

202

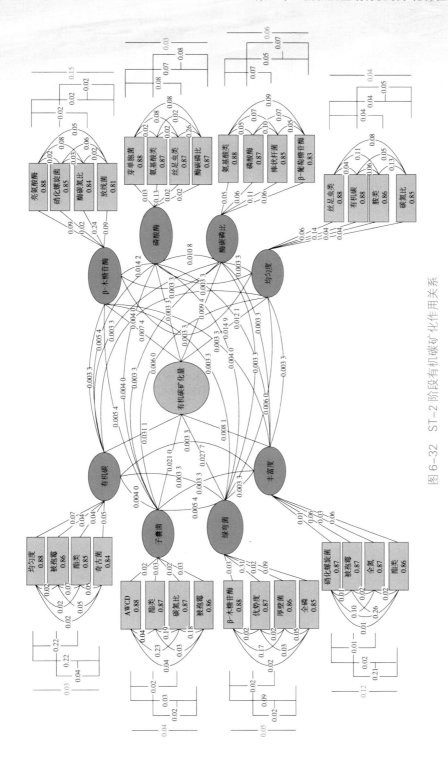

图 6-32　ST-2 阶段有机碳矿化作用关系

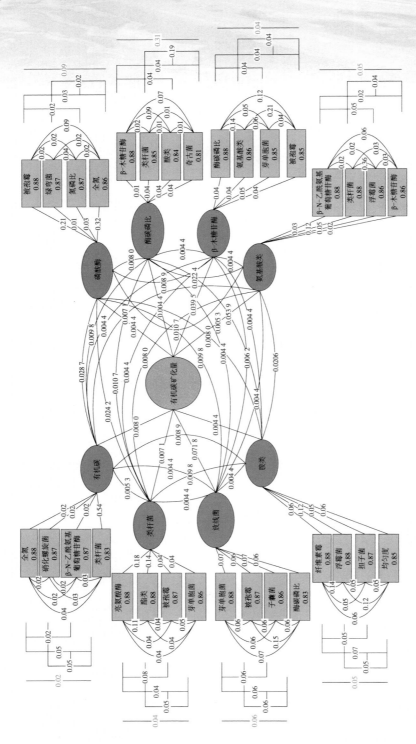

图 6-33 ST-3 阶段有机碳矿化作用关系

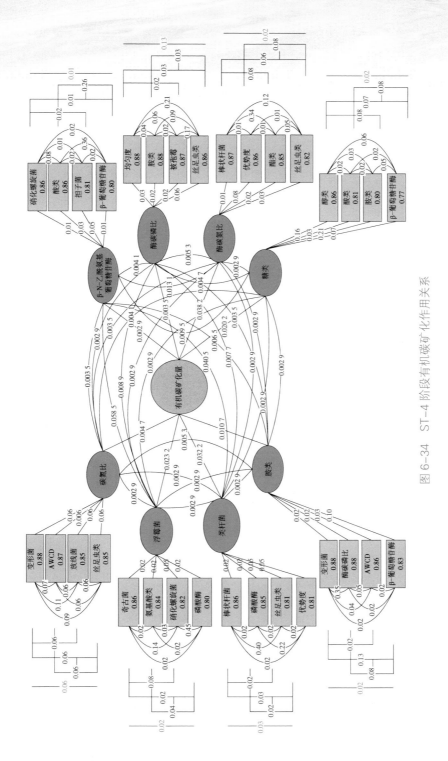

图 6-34　ST-4 阶段有机碳矿化作用关系

贡献率分别为酶碳氮比（0.038 2）、类杆菌（0.032 2）、浮霉菌（0.023 2）、糖类（0.020 2）、胺类（0.010 7）、碳氮比（0.004 7）、酶碳磷比（0.003 5）和 β-N- 乙酰氨基葡萄糖苷酶（0.002 9）。由此可知，单一因子对有机碳矿化量的作用为 13.6%，因子之间的交互作用对有机碳矿化量的作用为 86.4%。基于灰色关联分析方法将第一阶因子的影响因子作为因变量，选取前 4 位关联度最高的因子作为自变量，产生第二阶影响因子。影响第一阶因子的第二阶因子主要为变形菌、AWCD、丝足虫类、棒状杆菌等。将第二阶的 32 个因子进行整体分析可以发现，养分类因子占比为 0，土壤酶类因子占比为 18.75%，微生物类因子占比为 37.50%，真菌及细菌类因子占比为 43.75%。

应用多元逐步线性回归分析进一步查明淤积层第一阶影响因子与有机碳矿化的关系，结果见表 6-16。分析结果表明，酶碳磷比和硝化螺旋菌是淤积层 ST-1 阶段有机碳矿化量变化的最主要解释因素。有机碳和 β- 木糖苷酶是淤积层 ST-2 阶段有机碳矿化量变化的最主要解释因素。影响淤积层 ST-3 阶段有机碳矿化量变化的最主要解释因子为放线菌和胺类。影响淤积层 ST-4 阶段有机碳矿化量变化的最主要解释因子为酶碳氮比和糖类。

表 6-16　多元逐步线性回归分析结果

因变量		类型	系数	标准差	Sig.
有机碳矿化量	ST-1	常数	-0.687	0.015	0.000
		酶碳磷比	0.981	0.010	0.003
		硝化螺旋菌	-0.250	0.006	0.014
	ST-2	常数	2.024	0.004	0.001
		有机碳	-0.979	0.003	0.006
		β- 木糖苷酶	-49.499	0.068	0.017
	ST-3	常数	-0.072	0.012	0.016
		放线菌	0.015	0.010	0.038
		胺类	0.044	0.009	0.044
	ST-4	常数	-0.072	0.007	0.000
		酶碳氮比	0.353	0.006	0.009
		糖类	-0.799	0.015	0.018

6.7　小结

本章以坝地层状淤积剖面为研究对象，通过室内土壤有机碳矿化培养试验，研究坝地淤地剖面原位土壤有机碳矿化的变化规律，分析坝地剖面土壤自上而下土壤理化性质、细菌丰度、物种多样性、微生物群落结构与组成变化特征，明确淤地阶段有机碳矿化速率的作用规律，探究不同淤地阶段影响有机碳矿化的主导因子，为黄土丘陵区小流域碳储量计算提供理论参考。通过研究得到以下结果：

（1）整个沉积剖面处于最低层的 ST-4 阶段土壤，在为期 70 d 的培养过程中，有机碳矿化量逐渐降低。随着土层深度的向上增加，有机碳矿化量会先经历增加或者趋于稳定一段时间，之后逐渐降低的变化过程。

（2）沉积区 ST-1 阶段在培养周期中的每个时间段有机碳、全氮和全磷含量均显著高于其他阶段，且整体处于较为平稳的状态。沉积区 ST-1 阶段对 3 种碳循环相关酶、2 种氮循环相关酶和 1 种磷循环相关酶的响应程度均达到最大，ST-4 阶段对碳循环相关酶、氮循环相关酶和磷循环相关酶的响应程度最低，且从 ST-1 阶段到 ST-4 阶段（淤积深度不断增加）对碳循环相关酶、氮循环相关酶和磷循环相关酶的响应逐渐降低。ST-1 阶段受到碳限制最为显著，随着淤积深度的增加碳限制逐渐减弱。在整个沉积剖面，不同淤积阶段的向量角度始终小于 45°，表明整个沉积剖面土壤微生物始终受到磷的限制作用。

（3）沉积剖面中不同淤积阶段的土壤在培养过程中，不同培养天数下土壤微生物群落活性提高，对总碳源的利用呈逐渐增加趋势。ST-3 阶段和 ST-4 阶段对土壤碳源的利用率基本处于最低的状态，而 ST-1 阶段和 ST-2 阶段的土壤微生物密度基本处于较高的水平，尤其是处于沉积剖面上部的 ST-1 阶段。沉积区随着淤积阶段的前移（淤积深度加深）土壤微生物对碳源的利用程度由 ST-1 阶段的糖类碳源为主逐渐变为酸类碳源（ST-2～ST-4 阶段），且不同的淤积阶段对碳源利用的种类也存在较大的差异。

（4）变形菌（*Proteobacteria*）、放线菌（*Actinobacteria*）、拟杆菌（*Bacteroidetes*）、芽单胞菌（*Gemmatiomonadetes*）、绿弯菌（*Chloroflexi*）、浮霉菌（*Planctomycetes*）淤积层细菌群落所占丰度较高的细菌门。被孢霉（*Mortierellomycota*）、子囊菌（*Ascomycota*）、担子菌（*Basidiomycota*）和丝足虫类（*Cercozoa*）是淤积层土壤真菌

群落所占丰度较高的真菌门。随着淤积深度的增加，土壤中特有的细菌和真菌群落逐渐占据主导地位，而某些特殊群落由于环境（水、热、气）的改变，逐渐消失。

（5）单一因子对有机碳矿化的影响显著低于多因子的交互作用对有机碳矿化的影响。酶碳磷比和硝化螺旋菌是淤积层 ST-1 阶段有机碳矿化量变化的最主要解释因素。有机碳和 β- 木糖苷酶是淤积层 ST-2 阶段有机碳矿化量变化的最主要解释因素。影响淤积层 ST-3 阶段有机碳矿化量变化的最主要解释因子为放线菌和胺类。影响淤积层 ST-4 阶段有机碳矿化量变化的最主要解释因子为酶碳氮比和糖类。

第 7 章
小流域坝地有机碳
"源—汇"效应及碳汇能力

　　黄土高原作为一个众所周知的生态环境脆弱的地区，政府实行了一系列的政策，如退耕还林还草、修建淤地坝等（Zhang et al.，2019）。尽管不同坡面景观代表着受侵蚀作用的影响导致 SOC 的搬运作为碳源，但是相当大比例的侵蚀 SOC 被掩埋在坝地中（Berhe et al.，2008），这一方面说明了淤地坝在阻隔侵蚀和拦截 SOC 过程中起着重要作用（Ran et al.，2014）；从另一方面来说，从小型农业集水区范围来看，由于淤地坝的作用，侵蚀可能既不是碳源也不是碳汇，导致侵蚀过程有机碳迁移、再分布与沉积过程有机碳的异位存储之间的存在动态平衡。但是在小流域内，坡面作为侵蚀 SOC 的源，坝地作为侵蚀 SOC 的汇，存在有机碳的源－汇效应。因此，追踪 SOC 从侵蚀区到沉积区向下移动的过程对量化不同景观中横向运输 SOC 的能力是至关重要的。20 世纪 60 年代，Menzel（1960）通过在径流中使用放射性核素 ^{90}Sr，用来探明径流中 ^{90}Sr 迁移特征，该研究为放射性核素在示踪方面研究奠定了原始基础。此后，人工核素 ^{137}Cs（McHenry，1968；Ritchie et al.，1973）、^{134}Cs（Ritchie et al.，1990）、^{90}Sr 和 $^{239-240}$Pu 等（Longmore et al.，1983）在土壤侵蚀和泥沙示踪研究中得到了广泛应用。考虑到分散量、比活度、半衰期、测试技术等因素，目前应用最广泛的是 ^{137}Cs。诸多学者应用该方法研究黄土高原小流域侵蚀产沙规律，定量评价小流域侵蚀产沙过程，沉积物断代和泥沙来源调查（Wang et al.，2009；Benmansour et al.，2013）。Zhang 等（2007）利用 ^{137}Cs 指纹技术，反演了黄土高原小流域水库沉积产沙的历史变化。Chen 等（2017）在黄土高原一个典型的农业集水区，采用示踪技术成功的确定了沉积物的来源。相较于 ^{137}Cs 核元素示踪稳定碳同位素 δ^{13}C 对于 SOC 的侵蚀、搬运和沉积的响应也有着良好的指示作用。在 C 碳循环过程中，由于同位素分馏的作用，C 或（^{13}C）的稳定同位素在生态系统中发生了显著变化（O'Leary，1988）。Fox 等（2007）通过旱地土壤和沉积物中的 SOC 平均 $\delta^{13}C$ 值的差异来解释在侵蚀发生时 SOC 被搬运和沉积的过程。综合前人的研究成果，很少有人试图进行更详细的研究，来确定不同历史时期多种侵蚀来源情况下土壤有机碳的水平运输能力。

淤地坝拦蓄侵蚀产生的泥沙形成土壤肥力较为肥沃的坝地，在坝地形成的过程中主要存在以下几点现象：

（1）侵蚀源区改变：为了有效控制水土流失和减缓土壤侵蚀，先后在黄土丘陵区实施了退耕还林还草、修建淤地坝等重点生态建设工程。经过多年的水土流失治理，区域景观格局和土地利用发生了巨大的改变，坡面作为坝地淤积泥沙的贡献者之一，在侵蚀的坡面源区已发生较大的改变。

（2）干湿交替现象：淤地坝作为小流域的出口单位，不仅有拦沙作用，而且具有一定的滞水作用，所淤泥沙主要发生在雨季，坝地表层土壤将会频繁地经历长时间的干旱和相对急剧的复水过程。因此，坝地表层存在干湿交替的现象。

（3）沉积剖面气体环境改变：淤地坝是典型沉积地貌景观，径流侵蚀泥沙在淤地坝沉积形成不同的淤积层，并且随着淤积深度的增加，淤积土壤中的氧气浓度也逐渐下降，有氧条件逐渐向无氧条件转变，因此坝地淤积剖面存在气体环境的改变。在整体考虑坝地 SOC 的源－汇效应时，不仅应该分阶段对坝地形成进行研究，并且在此过程中有机碳矿化作用也是不可忽略的重要部分。

碳中和的概念是在全球变暖的背景下诞生的，主要指通过计算 CO_2 的排放总量，并通过植树造林等措施吸收这些排放，最终实现"零碳"目标，即采取尽可能多的抵消措施来实现平衡。因此，本章通过对坝地有机碳来源进行解析，结合前几章研究结果，综合计算流域内有机碳的储量以及碳排放量，为黄土丘陵区碳中和计算提供科学依据。

7.1　坝地有机碳来源分析

7.1.1　坝地沉积剖面特征与历史反演

实地调查表明，淤地坝于 1960 年开始运行淤积，直至 2017 年水毁（7·26 大暴雨事件），不考虑上部的耕作层，共运行 57 年。利用 ^{137}Cs、^{210}Pb 活度和降水资料对沉积旋回泥沙序列的洪水事件进行耦合对应。

不同沉积旋廻泥沙的 ^{137}Cs 和 ^{210}Pb 活度分布如图 7-1 所示，^{137}Cs 在淤积剖面的第 55 层出现一个明显的峰值（S1 中 6.288 0 Bq/kg）。这一峰值反映了在 1963 年北半球进行的核武器试验导致 ^{137}Cs 全球的放射性沉降。在 20 世纪 80 年代，剖面深度在 750 cm 处又出现一个较小的峰值（S2 中 1.341 5 Bq/kg），这一数值反演出在 1986 年间，由于苏联切尔诺贝利核电站的核泄漏，特别是北半球出现了新的 ^{137}Cs 沉降高峰，之后随着核衰变，^{137}Cs 活度逐渐降低。因此，1963 年和 1986 年对应的淤积层可以被确定。Xie 等（2000）研究表明，黄土高原降水量超过 12 mm 可能会发生侵蚀，将汇总的 1960—2017 年的降雨资料与正沟小流域骨干坝所淤积的泥沙沉积旋迴进行对应，并结合大雨对大沙的原则，结合降雨资料，选取典型的降雨事件以此来对应关键的沉积旋廻（1961 年 9 月、1969 年 9 月、1977 年 8 月、1982 年 7 月、1995 年 8 月、2007 年 9 月、2017 年 7 月），基于这些关键层识别相对较小的洪水淤积层。在反演历史的过程中，将 ^{210}Pb 活度作为判定淤积年限的辅助性指标。基于 ^{137}Cs 和 ^{210}Pb 活度和极端降雨事件发生的日期，该剖面清晰显示出完整的 57 年时间序列。

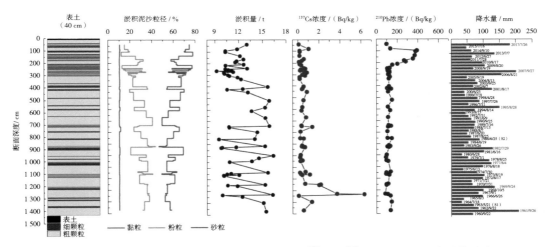

图 7-1　沉积剖面淤积厚度，颗粒分布，淤积量，^{137}Cs、^{210}Pb 活度以及对应时期降水量

图 7-2 表明，利用 ^{137}Cs 对沉积物剖面进行测量得出的年沉积速率估算表明，1960—2017 年，沉积速率总体呈现下降趋势。20 世纪 60—70 年代中期土壤侵蚀严重。1979 年土壤保持措施开始实施之后，沉积速率逐渐减低。直至 20 世纪 90 年代末期开始大规模的退耕还林还草措施，减少了坡面侵蚀，导致沉降速率急速降低。最小的沉积速率出现在剖面的顶部，较大的沉积速率出现在剖面的底部。

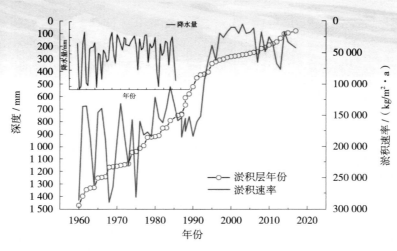

图 7-2　沉积层的储层沉积物剖面和沉积速率的年份 − 深度关系

7.1.2　土壤有机碳、总氮浓度和土壤有机组成（$\delta^{13}C$）的垂直分布

　　根据有机碳、总氮以及 $\delta^{13}C$ 的分布规律将整个淤积阶段划分为 4 个阶段，即阶段
1（初期淤积 1960—1973 年），阶段 2（中期淤积 1974—1992 年），阶段 3（后期淤积
1993—2011 年），阶段 4（末期淤积 2012—2017 年）。淤地坝淤积泥沙的有机碳浓度范
围为 1.21～4.03 g/kg（图 7-3）。阶段 1 有机碳浓度相对较低，范围为 1.34～2.12 g/kg，
平均值为 1.82 g/kg，总体变化较为平稳。淤地坝运行进入阶段 2 后，有机碳浓度从
第一阶段的 1.82 g/kg 上升为 2.34 g/kg，且变化范围为 1.47～3.13 g/kg。当淤地坝运
行进入阶段 3 后，有机碳浓度又出现上升，达到 2.52 g/kg，且波动幅度增大（1.21～
3.54 g/kg）。当淤地坝运行到末期（阶段 4），有机碳浓度达到最大（3.37 g/kg），且由
之前的波动变化变为逐渐上升趋势。总氮整体的变化规律和有机碳的变化规律相似，
整体为 0.17～1.36 g/kg。在淤地坝运行的 4 个阶段中，全氮平均值呈现如下顺序：阶
段 1（0.26 g/kg）＜阶段 2（0.32 g/kg）＜阶段 3（0.65 g/kg）＜阶段 4（0.91 g/kg）。
且在淤地坝运行的末期阶段，全氮浓度逐渐上升。随着沉积年限的增加，全氮含量出
现一个下降的趋势。对于整个沉积剖面，$\delta^{13}C$ 值变化范围为 -20.82‰～-29.59‰。淤
地坝运行的 4 个阶段中，$\delta^{13}C$ 值虽然没有出现显著的增减趋势，但是发现剖面 $\delta^{13}C$ 值
和有机碳浓度出现相同的变化规律，碳浓度出现峰值的位置和 $\delta^{13}C$ 值出现峰值的位置
是相互对应的。

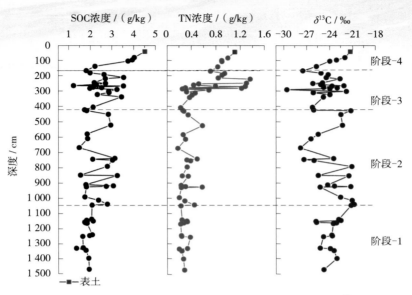

图 7-3　1960—2017 年沉积剖面中有机碳—全氮浓度和 $\delta^{13}C$ 值

从表 7-1 中可以看出，在沉积剖面中收集到的沉积物中养分指标（SOC 和 TN）与粉粒呈现极显著的正相关关系。研究发现，$\delta^{13}C$ 值仅与有机碳浓度呈现显著的正相关关系（$P<0.05$），这也解释了剖面 $\delta^{13}C$ 值和有机碳浓度出现相同的变化规律。通过相关分析发现，降水量似乎只影响泥沙淤积量（$P<0.05$），与土壤质地、土壤养分等均毫无关系。

表 7-1　各指标之间的相关关系

类型	有机碳	全氮	粉粒	砂粒	黏粒	$\delta^{13}C$	泥沙量	C/N	降雨
有机碳	1								
全氮	0.487**	1							
粉粒	0.547**	0.466**	1						
砂粒	-0.545**	-0.439**	1.000**	1					
黏粒	0.304*	-0.009	0.677**	-0.689**	1				
$\delta^{13}C$	0.187*	0.031 0	-0.020	0.020	-0.009	1			
泥沙量	-0.236	-0.302*	-0.347**	0.346**	-0.193	-0.027	1		
C/N	-0.109	-0.843**	-0.295*	0.288*	0.108	0.144	0.246	1	
降雨	0.112	0.216	0.163	-0.163	0.083	0.126	0.004*	-0.059	1

注：** 相关性在 0.01 水平上显著；* 相关性在 0.05 水平上显著。

不同源区 0~5 cm 表层土壤和淤地坝运行不同阶段的有机碳含量如图 7-4（a）所示。淤地坝运行的初期（阶段 1）有机碳含量（1.82 g/kg）显著低于末期（阶段 4）有机碳含量（3.37 g/kg）。坡耕地和沟道中的有机碳浓度与淤地坝运行期淤积泥沙的有机碳含量未表现出显著的差异（$P>0.05$），林地、草地和灌木地有机碳浓度显著高于坡耕地，沟道和沉积泥沙中的有机碳浓度（$P<0.05$）。流域内全氮浓度分布规律与有机碳浓度分布规律基本相似［图 7-4（b）］。淤地坝运行的初期（阶段 1）和中期（阶段 2）全氮浓度显著低于末期（阶段 4），并且淤地坝末期全氮浓度也显著高于两个（坡耕地和沟道）潜在来源地（$P<0.05$），林地（1.54 g/kg）、草地（1.11 g/kg）和灌木地（1.55 g/kg）全氮浓度显著高于坡耕地（0.34 g/kg），沟道（0.38 g/kg）和沉积泥沙中的全氮浓度（$P<0.05$）。

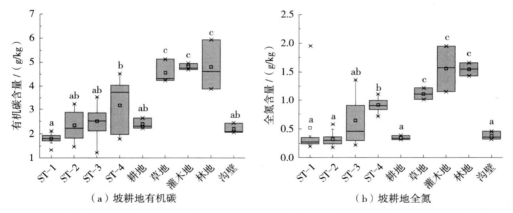

图 7-4　不同源区 0~5 cm 表层土壤和淤地坝运行不同阶段的有机碳及全氮浓度

7.1.3　沉积剖面中 SOC 来源定量判别

图 7-5 中为淤地坝运行期间的 4 个阶段的平均 $\delta^{13}C$ 值和 C/N 值与 5 个潜在源之间的关系，并通过定性方法，鉴别了淤积阶段来源的部分。在淤地坝运行的 4 个阶段中，基于标准偏差的重叠间隔，$\delta^{13}C$ 值和 C/N 值在统计学上是相似的。然而，5 个潜在来源的平均 $\delta^{13}C$ 和 C/N 平均值显著不同。沟道和坡耕地 C/N 的比高于淤地坝运行期间所淤积的沉积物。此外，沉积区和源区的 $\delta^{13}C$ 值也存在差异。$\delta^{13}C$ 示踪结果表明，沟道是土壤有机碳的主要潜在来源，坡耕地是次要的潜在来源。虽然林地、草地和灌木地对沉积区有机碳有一定的来源潜力，但是较沟道和坡耕地来源潜力低。

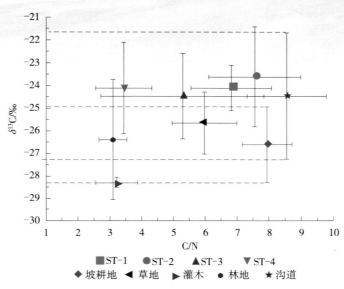

图 7-5　4 个沉积单元的潜在有机碳源和沉积物的 $\delta^{13}C$ 和 C/N 比值

根据混合模型定量计算出不同源区对不同淤积阶段沉积区有机碳的贡献率，结果见表 7-2。在运行初期（阶段 1），主要的源区为坡耕地，占到 52.3%，其次为沟道（36.6%）。运行中期（阶段 2），52.7% 沉积物有机碳来源于坡耕地，32.4% 来源于沟道。有趣的是，当淤地坝运行到后期（阶段 3）和末期（阶段 4）时，坡耕地对沉积物有机碳的贡献率急速下降，而沟道和林地对沉积物有机碳贡献率则出现大幅上升，经过分析得出，造成这种现象的原因可能是实行大规模的退耕还林还草措施，导致流域内坡耕地面积急速下降，减少了侵蚀现象的发生，以至于坡耕地对沉积物有机碳浓度的贡献率急速下降。

表 7-2　有机碳源定量识别结果

阶段	ST-1	ST-2	ST-3	ST-4	总体
草地 /%	5.40	6.80	1.40	5.20	10.40
灌木地 /%	4.00	0.60	0.30	1.50	0.40
林地 /%	1.70	7.50	13.8	18.6	15.70
坡耕地 /%	52.3	52.7	29.6	34.5	24.8
沟道 /%	36.6	32.4	54.9	40.2	48.4

从淤地坝运行期间整体来看，沟道对沉积物有机碳的贡献率最高，达到 48.4%，

其次为坡耕地（24.8%），灌木地对沉积物有机碳贡献率最低，仅为 0.4%。该结果也印证了之前得出的结论：沟道是土壤有机碳的主要潜在来源，坡耕地是次要的潜在来源。

核素成功示踪土壤侵蚀的根本原因在于，核素具有强烈吸附土壤颗粒的能力。此外，研究发现 SOC 主要伴随土壤颗粒发生迁移转化。因此，核素 ^{137}Cs 和 ^{210}Pb 与 SOC 在土壤侵蚀沉积过程中很可能具有相似的物理运移过程。虽然农业集水区土壤中的 ^{137}Cs 和 ^{210}Pb 有一部分来源于大气的自然沉降，但最主要的来源依旧是侵蚀区的泥沙。诸多学者对土壤剖面的 ^{137}Cs 含量进行了大量的研究，在研究土壤剖面中均出现了两个 ^{137}Cs 峰值，较大的 ^{137}Cs 峰值出现在 1963 年，较小的 ^{137}Cs 峰值出现在 1986 年。令人疑惑的是，在本次土壤剖面中测定到的 3 个 ^{137}Cs 峰值。依据前人的研究结果将土壤剖面中出现的一个较大的峰值和相邻的一个较小的峰值定为 1963 年和 1986 年。最后一个靠近土壤表层的 ^{137}Cs 峰值推测为 2011 年日本福岛发生的核泄漏事件，但是根据泥沙淤积和降雨的关系，推算出第 3 个 ^{137}Cs 峰值出现的时间为 2015 年。大胆地猜测造成这种现象的原因：①日本福岛核泄漏事件规模较小；②大气搬运和沉降 ^{137}Cs 需要时间；③测量仪器的最低浓度有限。因此，2015 年是否可以作近代 ^{137}Cs 断代的指示年份还需要大量的土壤剖面和试验提供支持。与人工放射性核素 ^{137}Cs 降落不同，自然放射性核素 ^{210}Pb 持续沉降到地表（Ritchie et al.，2003）。假设在土地利用状况不变的情况下，沉积剖面最表层的 ^{210}Pb 放射性活度应该最高，由于放射性的衰变，向下放射性活度逐渐降低（Walling et al.，2003）。然而，本研究剖面中的 ^{210}Pb 峰值处于 50 cm 深度左右，可能是由于减少了坡面土壤侵蚀的缘故。^{210}Pb 在剖面上总体的变化符合从上到下依次减少的变化规律。δ^{13}C 的垂直分布随沉积序列的变化没有很明显的增或减的趋势，表明 δ^{13}C 对早期的成岩作用具有抗性（Tareq et al.，2005）。这一现象与以前的研究结果基本一致，其中成岩作用在河口地区沉积过程中对 δ^{13}C 同位素分馏的影响有限（Yu et al.，2010）。使用稳定同位素 ^{13}C 来追踪有机碳源需要流域内潜在源之间的 δ^{13}C 值有显著性差异（McCorkle et al.，2016）。在本次研究区侵蚀源区主要以 C_3 的植被为主，因此不同潜在源之间的 δ^{13}C 同位素分馏现象相对较弱。因此，δ^{13}C 是追踪黄土丘陵区侵蚀土壤有机碳来源的有效指标，也是定性追踪侵蚀有机碳回到这一小流域不同景观单元的有效方法。

在本研究区内，由于地形破碎、土壤侵蚀极容易发生，SOC 因严重的侵蚀而被重新分配，包括面蚀、细沟侵蚀和冲沟侵蚀（Fu et al.，2011）。本研究发现，降雨将只影响泥沙淤积量，并且当淤积的泥沙量较低时，沉积物中的 SOC 和 TN 的浓度倾向于更高，例如，2012 年以后淤积的泥沙量较之前淤积的泥沙量有明显的降低，但是沉积物中的 SOC 和 TN 浓度显著升高。这种现象发生是因为即使在相同的降雨条件下，由于坡面治理措施削减了径流侵蚀能量，减弱了侵蚀强度，有助于淤积相对较细的沉积物，而细颗粒的沉积物通常比粗颗粒沉积物更能有效的富集 SOC 和 TN。

为了减少土壤侵蚀的发生，我国政府在坡面不同景观和土地管理方面实行了一系列的政策（Zhang et al.，2019）。但是在农业集水区内，坡面作为侵蚀 SOC 的源，沉积区作为侵蚀 SOC 的汇，存在有机碳的源－汇效应。在淤地坝运行的阶段 1 和阶段 2 阶段，坡耕地作为主要的侵蚀源区，沟壁作为次要的侵蚀源区，在受到侵蚀的作用后，为沉积区提供了 88.9% 的 SOC 来源。坡耕地由于翻耕，土壤质地松软，水蚀发生强烈，水土流失严重，导致土壤中的 SOC 随着侵蚀泥沙的搬运发生流失。随着淤地坝的运行进入阶段 3 和阶段 4，由于我国政府在坡面上实行大规模的退耕还林还草措施，导致流域内坡耕地面积急速下降，减少了侵蚀现象的发生，以至于坡耕地对沉积物有机碳浓度的贡献率急速下降（Zhao et al.，2017）。林地对沉积泥沙 SOC 的贡献率则出现大幅上升，这与诸多学者得出的结论相违背。因此，本书再次对研究区林地进行了实地调查，经过实地的考证，流域内林地种植密度较低，且林下是裸露地表，未出现林下草本伴生种等植被，这些对侵蚀强度的削弱都是不利的，因此导致林地对沉积泥沙 SOC 的贡献率出现上升的现象。整体来看，坡面措施的实行，将坡耕地恢复为林地、草地和灌木地不仅可以显著增加 SOC 和 TN 的含量，对于区域而言，可以有效地减弱土壤侵蚀强度，增加对碳氮的截存能力，相应地增加土壤碳汇的能力，增加区域内碳的储量。

7.2　坝控流域有机碳固定总量／矿化总量

碳中和概念在全球气候变暖这一时代背景中孕育产生，它是指通过计算 CO_2 的排放总量，通过植树造林等方式把这些排放量吸收掉，以实现"零碳"目标，也即排放多少就做多少抵消措施来达到平衡，因此碳中和是比低碳更进一步的发展诉求。黄土高原作为一个众所周知的生态环境脆弱的地区，政府实行了一系列的政策，如退耕还林还草、修建淤地坝等。尽管不同坡面景观代表着受侵蚀作用的影响导致 SOC 的搬运作为碳源，但是相当大比例的侵蚀 SOC 被掩埋在坝地中，这一方面说明了淤地坝在阻隔侵蚀和拦截 SOC 起着重要的作用，从另一方面来说，从小型农业集水区范围来看，由于淤地坝的作用，侵蚀可能既不是碳源也不是碳汇，导致侵蚀过程有机碳迁移、再分布与沉积过程有机碳的异位存储之间的存在动态平衡。但是在小流域内，坡面作为侵蚀 SOC 的源，坝地作为侵蚀 SOC 的汇，存在有机碳的源 - 汇效应。在整体考虑 SOC 的源 - 汇效应时，有机碳矿化作用也是不可忽略的重要部分。

根据本书前几章的研究结果，对坡面不同侵蚀源区 0～20 cm 土层以及淤地坝整个运行周期内所固定的有机碳量以及矿化总量进行计算。由图 7-6 可知，耕地有机碳的储量为 104.40 t，草地为 545.64 t，灌木地为 143.92 t，林地为 214.96 t，坡面侵蚀源区的改变可以显著增加有机碳的储量，但同时也会增加有机碳的矿化量，耕地有机碳矿化量由 46.71 t 增加为草地 187.12 t、灌木地 53.54 t 和林地 83.53 t。从矿化量的角度来讲，耕地恢复成草地、灌木和林地由于水热条件的改变，均会正向作用于有机碳的矿化。退耕还林措施的实行，一方面会增加有机碳的储量增加土壤肥力，另一方面还会增加有机碳矿化量。从坡面侵蚀源区来看，退耕还林还草措施的实行，有机碳净储量仍然是增加的状态，耕地的有机碳净储量为 57.69 t，草地为 358.53 t，灌木地为 90.38 t，林地为 131.43 t。沟道工程（淤地坝）所淤积的坝地也可以增加有机碳的储量，整个坝地所储存的有机碳总量为 1 703.50 t，有机碳矿化量为 324.48 t，坝地有机碳净储量达到 1 379.02 t。

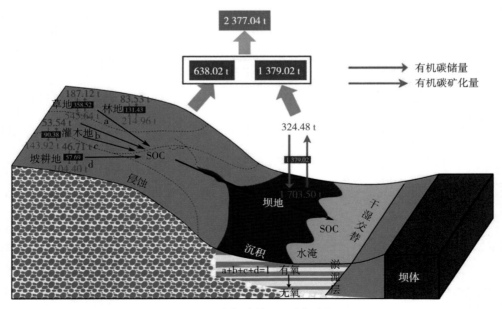

图 7-6　有机碳储量 / 矿化总量

以淤地坝为流域出口，整体来看流域有机碳储量可以发现坡面有机碳净储量为639.02 t，矿化总量为370.90 t，坝地有机碳的净储量为1 379.02 t，矿化总量为324.48 t。因此，淤地坝建设所淤积的坝地较坡面退耕还林还草措施的实行，能够有效地增加有机碳的储量，并减少有机碳的矿化量。整个流域有机碳的储存量为2 377.04 t，有机碳的矿化量为695.38 t。

7.3　小结

本章通过对坝地有机碳来源进行解析，解译农业集水区侵蚀泥沙剖面不同时期土壤侵蚀特征，定量识别农业集水区受侵蚀影响的 SOC 水平运输能力，并结合前几章研究结果，综合计算流域内有机碳的储量以及碳排放量，通过研究得到以下结果：

（1）1960—2017 年，沉积速率总体呈现下降趋势。20 世纪 60—70 年代中期土壤侵蚀严重。1979 年土壤保持措施开始实施之后，沉积速率逐渐减低。直至 20 世纪90 年代末期开始大规模的退耕还林还草措施，减少了坡面侵蚀，导致沉降速率急速降低。最小的沉积速率出现在剖面的顶部，较大的沉积速率出现在剖面的底部。

（2）在淤地坝运行到初期和中期（20 世纪 90 年代之前）时，坡耕地是侵蚀有机碳主要的源区，到 20 世纪 90 年代之后，沟道是侵蚀有机碳主要的源区。在淤地坝运行的整个阶段内，主要侵蚀有机碳的来源为沟道，占总有机碳的 48.4%，其次为坡耕地（24.8%）。

（3）耕地有机碳的储量为 104.40 t，草地为 545.64 t，灌木为 143.92 t，林地为214.96 t，坡面侵蚀源区的改变可以显著增加有机碳的储量，但同时也会增加有机碳的矿化量，耕地有机碳矿化量由 46.71 t 增加为草地 187.12 t，灌木 53.54 t 和林地 83.53 t。坡面有机碳净储量为 639.02 t，矿化总量为 370.90 t，坝地有机碳的净储量为 1 379.02 t，矿化总量为 324.48 t。淤地坝建设所淤积的坝地较坡面退耕还林还草措施的实行，能够有效地增加有机碳的储量，并减少有机碳的矿化量。整个流域有机碳的储存量为2 377.04 t，有机碳的矿化量为 695.38 t。

第8章
结 论

　　为了控制黄土高原严重的水土流失现象，我国在沟道中大规模修建淤地坝，形成分布较为广泛的坝地。截至 2019 年，黄土高原已修建了约 5.8 万座淤地坝，拦截了超过 55.04 亿 m^3 的泥沙，形成坝地 90 多万亩。本书针对土壤侵蚀过程下的土壤有机碳库动态变化这一的热点和难点问题，以黄土高原典型流域为研究对象，从侵蚀发生地坡面到泥沙沉积区坝地这一动态过程为核心，开展了小流域淤地坝淤积过程对坝地土壤有机碳矿化作用机制研究，取得的主要结论如下：

　　（1）研究了不同坡面侵蚀区对土壤有机碳矿化与生物和非生物指标的影响，阐明了在坡面退耕还林还草措施中，可通过增加了土壤生物活性，促进微生物群落对碳源代谢能力，进而对有机碳矿化起到促进作用。对研究区坡面耕地、草地、灌木地和林地的养分含量、酶活性、微生物群落、真菌及细菌组成以及矿化特征分析发现，耕地退耕为其他类型虽然可以显著增加有机碳矿化量，且随着土层深度的增加有机碳矿化量的差异性逐渐消失，但同时退耕也可以显著增加土壤养分含量，且土壤酶活性也随之增加。耕地在 4 种侵蚀源区中对土壤碳源的利用率基本处于最低的状态，而灌木地土壤中的微生物密度基本处于较高的水平。不同侵蚀源区土壤微生物虽然主要利用的是氨基酸类、酸类及糖类碳源，但不同侵蚀源区土壤之间微生物利用的具体碳源种类相同点很少，显示出不同侵蚀源区对土壤微生物的碳源利用类型有显著影响，对土壤微生物利用各种碳源强度造成了明显差异，体现出微生物群落碳源代谢的多样性。各侵蚀源区微生物始终受到磷的限制作用，林地、草地和灌木地同时也始终受到碳限制，但是随着土层深度的增加碳限制逐渐减弱。耕地和草地的表层土壤中特有的细菌群落占主导地位，而随着土层深度的增加，细菌群落多样性增加，而灌木地和林地随着土层深度的增加特有的细菌群落逐渐增加。鞭毛虫是耕地有机碳矿化量变化的最主要解释因子。氨基酸类是草地有机碳矿化量变化的最主要解释因子；厚壁菌是灌木地有机碳矿化量变化的最主要解释因子；浮霉菌是林地有机碳矿化量变化的最主要解释因子。

（2）研究了土壤在恒干、恒湿以及干湿交替过程中土壤有机碳矿化特征，明确了干湿交替过程有机碳矿化量介于缺水和饱水二者之间，缺水状态真菌及细菌群落特征的改变是限制矿化的主要调控因子，饱水状态下微生物群落活性增加导致有机碳矿化量增加，反复干湿交替过程则是通过增加特有微生物群落而增加矿化量。针对坝地落淤过程中土壤存在湿润—干燥交替现象，通过室内周期培养模拟试验分析发现干湿交替过程中干旱后湿润对土壤有机碳矿化的瞬时激发效应。在反复干湿交替处理下，土壤结构受到破坏，土壤团聚体受到反复破坏作用而大量裂解，使得包裹在团聚体中的有机碳被释放出来增加土壤有机碳矿化量。干湿交替显著影响土壤有机碳和全氮含量，并显著激发相关碳循环相关酶、氮循环相关酶和磷循环相关酶活性，但磷循环相关酶对水分的响应显著低于碳循环相关酶和氮循环相关酶。干湿交替相较于恒干和恒湿始终受到碳限制，且干湿交替循环越多碳限制越强烈，恒干、恒湿和干湿交替处理均受到磷的限制作用，在干湿交替循环次数 3 次之后，恒干、恒湿和干湿交替处理均受到氮的限制作用。随着干湿交替次数的增加，土壤微生物对碳源的利用程度逐渐降低，且由开始的糖类、胺类和酸类共同的主导地位逐渐演变为单一的酸类、酯类或醇类。恒干条件下拟杆菌和子囊菌是有机碳矿化量变化的最主要解释因子；恒湿条件下，碳氮比和 AWCD 是有机碳矿化量变化的最主要解释因子；干湿交替条件下，有机碳和微生物优势度是有机碳矿化量变化的最主要解释因子。当土壤经历反复的干湿交替过程时，土壤团聚体被反复的分离—聚合—分离，导致土壤有机碳失去土壤团聚体的保护作用，而被特有的微生物群落所分解（优势度增加），从而导致有机碳矿化"调控者"变为有机碳和优势度。

（3）研究了淤积剖面从有氧条件转变为无氧条件两种状态下土壤有机碳矿化特征，明确了坝地淤积剖面从有氧条件变为无氧条件过程中，通过改变细菌和真菌群落结构限制相关生物活性，进而对有机碳矿化起到限制作用。通过室内模拟坝地剖面土壤氧气浓度条件，开展土壤有机碳矿化培养试验分析发现，当土壤由有氧环境改变为无氧环境时，有机碳矿化量的最大值出现的时间会前移，且有氧条件下的有机碳矿化量在培养期的任何阶段均高于无氧条件下的有机碳矿化量。在培养周期内的各个时期，有氧条件和无氧条件的有机碳、全氮和全磷含量均未表现出显著性差异，且整体变化较为平稳，由此也说明，土壤养分的变化是一个长期的过程。当土壤处于有氧条件时土壤碳循环相关酶活性均高于无氧条件下的土壤碳循环相关酶和氮循环相关酶活性，土壤氧气浓度对土壤磷循环相关酶的影响较小。无氧条件下土壤受到碳限制的作用要大于有氧条件。无氧条件的向量角度小于有氧条件的向量角度且整体的向量角度始终小于45°，有氧条件和无氧条件下土壤微生物始终受到磷的限制作用，但有氧条件受到磷的限制作用要比无氧条件受到磷的限制作用高。不论是有氧条件还是无氧条件下，微生物利用的碳源主要是以糖类碳源为主。在无氧条件中碳代谢能力高的微生物则在有氧条件下代谢能力变弱，在无氧条件中碳代谢能力低的微生物则在有氧条件下代谢能力变强。当土壤由有氧状态逐渐转变为无氧状态时，硝化螺旋菌、棒状杆菌和奇古菌逐渐消失，取而代之是酸杆菌、蓝藻和拟杆菌。当土壤由有氧状态逐渐转变为无氧状态时，担子菌逐渐消失，取而代之的是鞭毛藻。相较于无氧状态，有氧状态的土壤细菌群落的丰富度和多样性均显著高于无氧状态，从另一方面也可以验证无氧环境可以延缓土壤细菌群落的发育，进而减缓土壤有机碳的矿化，对土壤有机碳贮存起到保护作用。无氧条件下有机碳矿化量变化的最主要解释因子为亮氨酸酶和有机碳，有氧条件下有机碳矿化量变化的最主要解释因子为硝化螺旋菌和全氮。

（4）研究了坝地淤积剖面不同淤积阶段土壤有机碳矿化特征，辨别了淤地坝坝地不同淤积阶段有机碳矿化特征及其影响关键因子。通过室内土壤有机碳矿化培养试验，研究坝地淤地剖面原位土壤有机碳矿化的变化规律分析发现，整个沉积剖面处于最底层的ST-4阶段土壤，在为期70 d的培养过程中，有机碳矿化量逐渐降低。随着土层深度的向上增加，有机碳矿化量会先经历增加或者趋于稳定一段时间，之后逐渐降低的变化过程。沉积区ST-1阶段在培养周期中的每个时间段有机碳、全氮和全磷含量均显著高于其他阶段，且整体处于较为平稳的状态。从ST-1阶段到ST-4阶段（淤积深度不断增加）对碳循环相关酶、氮循环相关酶和磷循环相关酶的响应逐渐降低。ST-1阶段受到碳限制最为显著，随着淤积深度的增加碳限制逐渐减弱。在整个沉积剖面，土壤微生物始终受到磷的限制作用。ST-1阶段和ST-2阶段的土壤微生物密度基本处于较高的水平，尤其是处于沉积剖面上部的ST-1阶段。沉积区随着淤积阶段的前移（淤积深度加深）土壤微生物对碳源的利用程度由ST-1阶段的糖类碳源为主逐渐变为酸类碳源（ST-2～ST-4阶段）。随着淤积深度的增加，土壤中特有的细菌和真菌群落逐渐占据主导地位，而某些特殊群落由于环境（水、热、气）的改变，逐渐消失。酶碳磷比和硝化螺旋菌是淤积层ST-1阶段有机碳矿化量变化的最主要解释因素。有机碳和β-木糖苷酶是淤积层ST-2阶段有机碳矿化量变化的最主要解释因素。影响淤积层 ST-3 阶段有机碳矿化量变化的最主要解释因子为放线菌和胺类。影响淤积层 ST-4 阶段有机碳矿化量变化的最主要解释因子为酶碳氮比和糖类。

（5）定量识别了淤地坝运行期内淤积剖面有机碳来源，综合计算流域内有机碳的储量和矿化总量。通过野外原位采样以及室内示踪结果分析得出，1960—2017 年，沉积速率总体呈现下降趋势。20 世纪 60—70 年代中期土壤侵蚀严重。1979 年土壤保持措施开始实施之后，沉积速率逐渐减低。直至 20 世纪 90 年代末期开始大规模的退耕还林还草措施，减少了坡面侵蚀，导致沉降速率急速降低。最小的沉积速率出现在剖面的顶部，较大的沉积速率出现在剖面的底部。在淤地坝运行到初期和中期（20 世纪 90 年代之前）时，坡耕地是侵蚀有机碳主要的源区，到 20 世纪 90 年代之后，沟道是侵蚀有机碳主要的源区。在淤地坝运行的整个阶段内，主要侵蚀有机碳的来源为沟道，占总有机碳的 48.4%，其次为坡耕地（24.8%）。耕地有机碳的储量为 104.40 t，草地为 545.64 t，灌木坡为 143.92 t，林地为 214.96 t，坝地为 1 703.50 t。耕地有机碳矿化量由 46.71 t 增加为草地 187.12 t，灌木坡 53.54 t 和林地 83.53 t，坝地有机碳矿化量为 324.48 t。坡面有机碳净储量为 639.02 t，矿化总量为 370.90 t，坝地有机碳的净储量为 1 379.02 t，矿化总量为 324.48 t。坡面侵蚀源区的改变可以显著增加有机碳的储量，但同时也会增加有机碳的矿化量，淤地坝建设所淤积的坝地较坡面退耕还林还草措施的实行，能够有效地增加有机碳的储量，并减少有机碳的矿化量。整个流域有机碳的储存量为 2 377.04 t，有机碳的矿化量为 695.38 t。

本书立足于黄土高原地区淤地坝建设对流域有机碳源－汇效应的影响，对深化侵蚀作用下土壤有机碳循环过程以及矿化作用机制的认识，促进生态建设可持续发展与国家早日实现"碳中和"宏伟目标具有重要的科学意义。

参考文献

第一章

Adolfo C C, Gabriela S M, Laborde J, 2020. Analyzing vegetation cover-induced organic matter mineralization dynamics in sandy soils from tropical dry coastal ecosystems[J]. Catena, 185(9): 104-264.

Berhe A A, Harte J, Harden J W, et al, 2007. The significance of the erosion-induced terrestrial carbon sink[J]. Bioscience, 57(4): 337-346.

Birch H F, 1958. The effect of soil drying on humus decomposition and nitrogen availability[J]. Plant and Soil, 10(1): 9-31.

Borrelli P, Robinson D A, Fleischer L R, et al, 2017. An assessment of the global impact of 21st century land use change on soil erosion[J]. Nature Communications, 8(1): 0-13.

Cai Q G, 2001. Soil erosion and management on the loess plateau[J]. Journal of Geographical Sciences, 01: 56-73.

Cleveland C C, Reed S C, Keller A B, et al, 2014. Litter quality versus soil microbial community controls over decomposition: a quantitative analysis[J]. Oecologia, 174(1), 283-294.

Das S, Bandyopadhyay R, Hansdak S, 2021. Case report of infective spondylodiscitis due to nalidixic acid-resistant Salmonella paratyphi A[J]. Journal of Family Medicine and Primary Care, 10(1): 554-557.

Deng Q, Cheng X, Hui D, et al, 2016. Soil microbial community and its interaction with soil carbon and nitrogen dynamics following afforestation in central China[J]. Science of the Total Environment, 541(15): 230-237.

Doetterl S, Berhe A A, Nadeu E, et al, 2016. Erosion, deposition and soil carbon: a review of process-level controls, experimental tools and models to address c cycling in dynamic landscapes[J]. Earth-Science Reviews, 154:102-122.

Donald A P, Tama C, Fox J, 2010. Root exudation (net efflux of amino acids) may increase rhizodeposition under elevated CO2[J]. Global Change Biology, 12(3): 561-567.

Fu B J, Liu Y, LV Y H, et al, 2011. Assessing the soil erosion control service of ecosystems change in the Loess Plateau of China[J]. Ecol. Complex, 8 (4): 284-293.

Gianfreda L, Rao M A, 2008. Interactions between xenobiotics and microbial and enzymatic soil activities[J]. Critical Reviews in Environmental Science and Technology, 38: 269–310.

Gregorich E G, Greer K J, D W Anderson, et al, 1998. Carbon distribution and losses: erosion and deposition effects[J]. Soil and Tillage Research, 47(3): 291–302.

Grivennikova V G, Kozlovsky V S, Vinogradov A D, 2017. Respiratory complex ii: ros production and the kinetics of ubiquinone reduction[J]. Biochimica et Biophysica Acta (BBA) – Bioenergetics, 1858(2): 109–117.

Guenet B, Danger M, Harrault L, et al, 2014. Fast mineralization of land–born c in inland waters: first experimental evidences of aquatic priming effect[J]. Hydrobiologia, 721(1): 35–44.

Harrison–Kirk T, Beare M H, Meenken E D, et al, 2014. Soil organic matter and texture affect responses to dry/wet cycles: Changes in soil organic matter fractions and relationships with C and N mineralisation[J]. Soil Biology and Biochemistry, 74: 50–60.

Hawksworth D L, 2001. The magnitude of fungal diversity: the 1.5 million species estimate revisited[J]. Mycol Res, 105(12): 1422–1432.

Hemelryck H V, Govers G, Oost K V, et al, 2015. Evaluating the impact of soil redistribution on the in situ mineralization of soil organic carbon[J]. Earth Surface Processes and Landforms, 36(4): 427–438.

Hoffmann T, Schlummer M, Notebaer B, et al, 2013. Carbon burial in soil sediments from holocene agricultural erosion, central europe[J]. Global Biogeochemical Cycles, 27(3): 828–835.

Jacinthe P A, Lal R, 2001. A mass balance approach to assess carbon dioxide evolution during erosional events [J]. Land Degradation and Development, 12(4): 329–339.

Jason K K, Scott D B, Carmen T C, et al, 2004. Limited effects of six years of fertilization on carbon mineralization dynamics in a Minnesota fen – ScienceDirect[J]. Soil Biology and Biochemistry, 37(6): 1197–1204.

Jia J, Feng X, He J S, et al, 2017.Comparing microbial carbon sequestration and priming in the subsoil versus topsoil of a qinghai–tibetan alpine grassland[J]. Soil Biology and Biochemistry, 104: 141–151.

Kalbitz K, Schmerwitz J, Schwesig D, et al, 2003. Biodegradation of soil–derived dissolved organic matter as related to its properties[J]. Geoderma, 113(3–4): 273–291.

Kirkels F M S A, Cammeraat L H, Kuhn N J, 2014. The fate of soil organic carbon upon erosion, transport and deposition in agricultural landscapes – a review of different concepts[J]. Geomorphology, 226(01): 94–105.

225

Kohler F, Hamelin J, Gillet F, et al, 2005. Soil microbial community changes in wooded mountain pastures due to simulated effects of cattle grazing[J]. Plant and Soil, 278: 327–340.

Kuzyakov Y, 2010. Priming effects: interactions between living and dead organic matter[J]. Soil Biology and Biochemistry, 42(9): 1363–1371.

Lal R, Pimentel D, 2008. Soil erosion: a carbon sink or source?[J]. Science,319(5866):1040–1042.

Lal R, 2005. Soil erosion and carbon dynamics[J]. Soil & Tillage Research, 81(2): 137–142.

Lal R, 2003. Soil erosion and the global carbon budget[J]. Environment International, 29(4):437–450.

Liu D, Wang H, An S, et al, 2019. Geographic distance and soil microbial biomass carbon drive biogeographical distribution of fungal communities in chinese loess plateau soils[J]. Science of The Total Environment, 660(10): 1058–1069.

Liu H, Ping Z, Ping L, et al, 2008. Greenhouse gas fluxes from soils of different land-use types in a hilly area of South China[J]. Agriculture Ecosystems and Environment, 124(1–2): 125–135.

Liu M, Liu M, Li P, et al, 2020. Variations in soil organic carbon decompositions of different land use patterns on the tableland of loess plateau[J]. Environmental Science and Pollution Research, 27(1): 1–16.

Liu X B, Zhang X Y, Wang Y X, et al, 2010. Soil degradation: A problem threatening the sustainable development of agriculture in Northeast China[J]. Plant Soil and Environment, 56(2): 87–97.

Ma W, Li Z, Ding K, et al, 2014. Effect of soil erosion on dissolved organic carbon redistribution in subtropical red soil under rainfall simulation[J]. Geomorphology, 226:217–225.

Miao S, Ye R, Qiao Y, et al, 2016. The solubility of carbon inputs affects the priming of soil organic matter[J]. Plant and Soil, 410(1–2): 1–10.

Ming L I , Wang Y K, Pei X U, et al, 2018. Cropland physical disturbance intensity: plot-scale measurement and its application for soil erosion reduction in mountainous areas[J]. Journal of Mountain Science, 15(1): 198–210.

Naseby D C, Pascual J A, Lynch J M, 2010. Effect of biocontrol strains of trichoderma on plant growth, pythium ultimum populations, soil microbial communities and soil enzyme activities[J]. Journal of Applied Microbiology, 88(1): 161–169

Nie X D, Li Z W, Huang J Q, et al, 2014. Soil organic carbon loss and selective transportation under field simulated rainfall events[J]. Plos One, 9(8): e105927.

Novara A, Keesstra S, Cerda A, et al, 2016. Understanding the role of soil erosion on CO2-C loss using 13C isotopic signatures in abandoned mediterranean agricultural land[J]. Science of the

Total Environment, 550(15): 330–336.

Patel K F, Myers P A, Bond L B, et al, 2021. Soil carbon dynamics during drying vs. rewetting: importance of antecedent moisture conditions[J]. Soil Biology and Biochemistry, 156: 108–165.

Peter M G, William H M, Jennie C M, et al, 2001. Soil microbial biomass and activity in tropical riparian forests[J]. Soil Biology and Biochemistry, 33(10): 1339–1348.

Polyakov V O, Lal R, 2008. Soil organic matter and CO2 emission as affected by water erosion on field runoff plots[J]. Geoderma, 143(1–2): 216–222.

Quinton J N, Govers G, Oost K V, et al, 2010. The impact of agricultural soil erosion on biogeochemical cycling[J]. Nature Geoscience, 3(5): 311–314.

Quinton J N, Govers G, Van Oost K, et al, 2010. The impact of agricultural soil erosion on biogeochemical cycling[J]. Nature Geoscience, 3 (5): 311–314.

Reeves M C, Moreno A L, Bagne K E, et al, 2014. Estimating climate change effects on net primary production of rangelands in the United States[J]. Climatic Change, 126(3): 429–442.

Sanderman J, Chappell A, 2013. Uncertainty in soil carbon accounting due to unrecognized soil erosion[J]. Global Change Biology, 19 (1): 264–272.

Shi P, Zhang Y, Li P, et al, 2019. Distribution of soil organic carbon impacted by land–use changes in a hilly watershed of the Loess Plateau, China[J]. Sci. Total Environ, 652: 505–512.

Shi Z H, Yue B J, Wang L, et al, 2013. Effects of Mulch Cover Rate on Interrill Erosion Processes and the Size Selectivity of Eroded Sediment on Steep Slopes[J]. Soil Science Society of America Journal, 77(1): 257–267.

Sierra C A, Trumbore S E, Davidson E A, et al, 2015. Sensitivity of decomposition rates of soil organic matter with respect to simultaneous changes in temperature and moisture[J]. Journal of Advances in Modeling Earth Systems, 7(1): 335–356.

Stallard R F, 1998. Terrestrial sedimentation and the carbon cycle: coupling weathering and erosion to carbon burial[J]. Global Biogeochemical Cycles, 12(2): 231–257.

Starr G C, Lal R, Malone R, et al, 2000. Modeling soil carbon transported by water erosion processes[J]. Land Degradation and Development, 11(1): 83–91.

Subke J A, Hahn V, Battipaglia G, et al 2004. Feedback interactions between needle litter decomposition and rhizosphere activity[J]. Oecologia,, 139(4): 551–559.

Taylor J P, Wilson B, Mills M S, et al, 2002. Comparison of microbial numbers and enzymatic activities in surface soils and subsoils using various techniques[J]. Soil Biology and Biochemistry, 34(3), 387–401.

Van O K, Quine T A, Govers G, et al, 2007. The impact of agricultural soil erosion on the global carbon cycle[J]. Science, 318(5850): 626-629.

Veen J A, Kuikman P J, 1990. Soil structural aspects of decomposition of organic matter by micro-organisms[J]. Biogeochemistry, 11(3): 213-233.

Walling D E, Collins A L, Jones P A, et al, 2006. Establishing fine-grained sediment budgets for the pang and lambourn locar catchments, UK[J]. Journal of Hydrology, 330(1): 126-141.

Wang X, Cammeraa L H, Wang Z, et al, 2013. Stability of organic matter in soils of the belgian loess belt upon erosion and deposition[J]. European Journal of Soil Science, 64(2): 219-228.

Wang X, Cammeraat E, Cerli C, et al, 2014. Soil aggregation and the stabilization of organic carbon as affected by erosion and deposition[J]. Soil Biology and Biochemistry, 72: 55-65.

Wang Z G, Govers G, An S, et al, 2010. Catchment-scale carbon redistribution and delivery by water erosion in an intensively cultivated area[J]. Geomorphology, 124(1): 65-74.

Wang Z, Oost K V, Govers G, 2014. Predicting the long-term fate of buried organic carbon in colluvial soils[J]. Global Biogeochemical Cycles, 29(1): 873-883.

Wei S, Zhang X P, Mclaughlin N B, et al, 2017. Impact of soil water erosion processes on catchment export of soil aggregates and associated soc[J]. Geoderma, 294: 63-69.

Wiesmeier M, Hübner R, Spörlein P, et al, 2014. Carbon sequestration potential of soils in southeast germany derived from stable soil organic carbon saturation[J]. Global Change Biology, 20(2): 653-665.

Xiang S R, Doyle A, Holden P A, et al, 2008. Drying and rewetting effects on C and N mineralization and microbial activity in surface and subsurface California grassland soils[J]. Soil Biology and Biochemistry, 40(9): 2281-2289.

Xiao H B, Li Z G, Chang X F, et al, 2017. Soil erosion-related dynamics of soil bacterial communities and microbial respiration[J]. Applied Soil Ecology, 119: 205-213.

Xu J, Gao W, Zhao B, et al, 2021. Bacterial community composition and assembly along a natural sodicity salinity gradient in surface and subsurface soils[J]. Applied Soil Ecology, 157: 103-731.

Zhang Y, Li P, Liu X J, et al, 2019. Effects of farmland conversion on the stoichiometry of carbon, nitrogen, and phosphorus in soil aggregates on the Loess Plateau of China[J]. Geoderma, 351: 188-196.

Zhang Y, Li P, Liu X, et al, 2020. Study on sediment and soil organic carbon loss during continuous extreme scouring events on the loess plateau[J]. Soil Science Society of America Journal, 84(6): 1957-1970.

Zhu Y, Wang D, Wang X, et al, 2021. Aggregate-associated soil organic carbon dynamics as affected by erosion and deposition along contrasting hillslopes in the chinese corn belt[J]. Catena, 199: 105-106.

崔利论, 袁文平, 张海成, 2016. 土壤侵蚀对陆地生态系统碳源汇的影响 [J]. 北京师范大学学报 (自然科学版), 52(06): 816-822.

方华军, 杨学明, 张晓平等, 2004. 土壤侵蚀对农田中土壤有机碳的影响 [J]. 地理科学进展, (02): 77-87.

葛序娟, 潘剑君, 邬建红, 等, 2015. 培养温度对水稻土有机碳矿化参数的影响研究 [J]. 土壤通报, 46(03): 562-569.

郭明英, 朝克图, 尤金成, 等, 2012. 不同利用方式下草地土壤微生物及土壤呼吸特性 [J]. 草地学报, 20(01): 42-48.

胡延杰, 翟明普, 武觋文, 等, 2001. 杨树刺槐混交林及纯林土壤酶活性的季节性动态研究 [J]. 北京林业大学学报, 23(5): 23-26.

焦婷, 常根柱, 周学辉, 等, 2009. 高寒草甸草场不同载畜量下土壤酶与土壤肥力的关系研究 [J]. 草业学报, 18(6): 98-104.

李键, 刘鑫铭, 姚成硕, 等, 2021. 武夷山国家公园不同林地土壤呼吸的动态变化及其影响因素 [J]. 生态学报, 9: 1-15.

李林海, 邱莉萍, 梦梦, 2012. 黄土高原沟壑区土壤酶活性对植被恢复的响应 [J]. 应用生态学报, 23(12): 3355-3360.

李相儒, 金钊, 张信宝等, 2015. 黄土高原近 60 年生态治理分析及未来发展建议 [J]. 地球环境学报, 6(04): 248-254.

李占斌, 朱冰冰, 李鹏, 2008. 土壤侵蚀与水土保持研究进展 [J]. 土壤学报, (05): 802-809.

刘国华, 叶正芳, 吴为中, 2012. 土壤微生物群落多样性解析法: 从培养到非培养 [J]. 生态学报, 32(14): 4421-4433.

刘雅丽, 王白春, 2020. 黄土高原地区淤地坝建设战略思考 [J]. 中国水土保持, 462(09): 53-57.

刘云凯, 张彦东, 孙海龙, 2010. 干湿交替对东北温带次生林与落叶松人工林土壤有机碳矿化的影响 [J]. 水土保持学报, 24(05): 213-217+222.

马瑞萍, 安韶山, 党廷辉, 等, 2014. 黄土高原不同植物群落土壤团聚体中有机碳和酶活性研究 [J]. 土壤学报, 51(1): 104-113.

南丽丽, 郭全恩, 曹诗瑜, 等, 2014. 疏勒河流域不同植被类型土壤酶活性动态变化 [J]. 干旱地区农业研究, 32(1): 134-139.

秦燕，牛得草，康健，等，2012. 贺兰山西坡不同类型草地土壤酶活性特征 [J]. 干旱区研究，29(5): 870-877.

秦燕，2016. 半干旱羊草草原土壤氮素转化与关键微生物特性研究 [D]. 北京：中国农业科学院.

施娴，刘艳红，张德刚，等，2015. 猪粪与化肥配施对植烟土壤酶活性和微生物生物量动态变化的影响 [J]. 土壤，47(5): 899-903.

宋长青，吴金水，陆雅海，等，2013. 中国土壤微生物学研究 10 年回顾 [J]. 地球科学进展，28(10): 1087-1105.

王君，宋新山，王苑，2013. 多重干湿交替对土壤有机碳矿化的影响 [J]. 环境科学与技术，36(11): 31-35.

王理德，姚拓，何芳兰，等，2014. 石羊河下游退耕区次生草地自然恢复过程及土壤酶活性的变化 [J]. 草业学报，23(4): 253-261.

王群，夏江宝，张金池，等，2012. 黄河三角洲退化刺槐林地不同改造模式下土壤酶活性及养分特征 [J]. 水土保持学报，(4): 133-137.

王学娟，周玉梅，王秀秀，等，2014. 长白山苔原生态系统土壤酶活性及微生物生物量对增温的响应 [J]. 土壤学报，51(1): 166-175.

魏圆云，崔丽娟，张曼胤，等，2019. 土壤有机碳矿化激发效应的微生物机制研究进展 [J]. 生态学杂志，38(04): 1202-1211.

温超，单玉梅，晔薷罕，等，2020. 氮和水分添加对内蒙古荒漠草原放牧生态系统土壤呼吸的影响 [J]. 植物生态学报，44(01): 80-92.

文都日乐，李刚，张静妮，等，2010. 呼伦贝尔不同草地类型土壤微生物量及土壤酶活性研究 [J]. 草业学报，19(5): 94-102.

邬建红，2016. 不同土地利用方式土壤有机碳矿化特征研究 [D]. 南京：南京农业大学.

吴健利，刘梦云，赵国庆，等，2016. 黄土台塬土地利用方式对土壤有机碳矿化及温室气体排放的影响 [J]. 农业环境科学学报，35(05): 1006-1015.

熊平生，2017. 陆地生态系统土壤呼吸的影响因素研究综述 [J]. 中国土壤与肥料，4: 1-7.

薛萐，李占斌，李鹏，等，2011. 不同土地利用方式对干热河谷地区土壤酶活性的影响 [J]. 中国农业科学，44(18): 3768-3777.

杨梅焕，曹明明，朱志梅，2012. 毛乌素沙地东南缘沙漠化过程中土壤酶活性的演变研究 [J]. 生态环境学报，21(01): 69-73.

杨新明，韩磊，庄涛，2018. 北方农牧交错区不同土地利用方式下土壤呼吸动态特征 [J]. 农业环境科学学报，37(08): 1733-1740.

姚毓菲, 2020. 黄土高原小流域侵蚀区和沉积区土壤碳氮分布与矿化特征 [D]. 杨凌: 中国科学院大学 (中国科学院教育部水土保持与生态环境研究中心).

殷士学, 沈其荣, 2003. 缺氧土壤中硝态氮还原菌的生理生化特征 [J]. 土壤学报, (04): 624-630.

殷水清, 王文婷, 2020. 土壤侵蚀研究中降雨过程随机模拟综述 [J]. 地理科学进展, 39(10): 1747-1757.

张敬智, 马超, 郜红建, 2017. 淹水和好气条件下东北稻田黑土有机碳矿化和微生物群落演变规律 [J]. 农业环境科学学报, 36(06): 1160-1166.

张祎, 时鹏, 李鹏, 等, 2019. 小流域生态建设对土壤团聚体及其有机碳影响研究 [J]. 应用基础与工程科学学报, 27(01): 50-61.

赵串串, 杨晶晶, 刘龙, 等, 2014. 青海省黄土丘陵区沟壑侵蚀影响因子与侵蚀量的相关性分析 [J]. 干旱区资源与环境, 28(04): 22-27.

赵兰坡, 姜岩, 1986. 土壤磷酸酶活性测定方法的探讨 [J]. 土壤通报, (03): 138-141.

赵林森, 王九龄, 1995. 杨槐混交林生长及土壤酶与肥力的相互关系 [J]. 北京林业大学学报, (04): 1-8.

周焱, 2009. 武夷山不同海拔土壤有机碳库及其矿化特征 [D]. 南京: 南京林业大学 .

周正虎, 王传宽, 2017. 帽儿山地区不同土地利用方式下土壤 - 微生物 - 矿化碳氮化学计量特征 [J]. 生态学报, 37(07): 2428-2436.

第二章

Phillips D L, Koch P L, 2002. Incorporating concentration dependence in stable isotope mixing models[J]. Oecologia, 130: 114-125.

Zhang X B, HiggittI D L, Walling D E, 1990. A preliminary assessment of the potential for using cesium-137 to estimate rates of soil-erosion in the loess plateau of China[J]. Hydrological Sciences Journal/Journal des Sciences Hydrologiques, 35: 243-252.

第三章

Card S M, Quideau S A, 2010. Microbial community structure in restored riparian soils of the canadian prairie pothole region[J]. Soil Biology and Biochemistry, 42(9): 1463-1471.

Cukor J, Vacek Z, Linda R, et al, 2017. Carbon sequestration in soil following afforestation of former agricultural land in the czech republic[J]. Central European Forestry Journal, 63(2-3): 97-104.

García-Orenes F, Morugán-Coronado A, Zornoza, R, et al, 2016. Correction: changes in soil microbial community structure influenced by agricultural management practices in a mediterranean agro-ecosystem[J]. Plos one, 11(3): e80522

Lal R, 2003. Soil erosion and the global carbon budget[J]. Environment International, 29(4): 437-450.

Quinton J N, Govers G, Van Oost K, et al, 2010. The impact of agricultural soil erosion on biogeochemical cycling[J]. Nature Geoscience, 3 (5): 311-314.

Sxa B, Bz C, Lm A, et al, 2017. Effects of marsh cultivation and restoration on soil microbial communities in the sanjiang plain, northeastern China-sciencedirect[J]. European Journal of Soil Biology, 82: 81-87.

Wei W, Jia F Y, Yang L, et al, 2014. Effects of surficial condition and rainfall intensity on runoff in a loess hilly ares, China[J]. Journal of Hydrology, 5(13): 115-126.

邹建红, 潘剑君, 葛序娟, 等, 2015. 不同土地利用方式下土壤有机碳矿化及其温度敏感性[J]. 水土保持学报, 29(03): 130-135.

周正虎, 王传宽, 2017. 帽儿山地区不同土地利用方式下土壤-微生物-矿化碳氮化学计量特征 [J]. 生态学报, 37(07): 2428-2436.

第四章

Allen A S, Schlesinger W H, 2004. Nutrient limitations to soil microbial biomass and activity in loblolly pine forests[J]. Soil Biology and Biochemistry, 36(4): 581-589.

Cheng J, Ren, F Z, Zhao, Z, et al, 2017. Differential responses of soil microbial biomass and carbon-degrading enzyme activities to altered precipitation[J]. Soil Biology & Biochemistry, 115: 1-10.

Dossa E L, Khouma M, Diedhiou I, et al, 2008. Carbon, nitrogen and phosphorus mineralization potential of semiarid sahelian soils amended with native shrub residues[J]. Geoderma, 148(3): 251-260.

Holt J A, Hodgen M J, Lamb D, 1990. Soil respiration in the seasonally dry tropics near townsville, north queensland[J]. Australian Journal of Soil Research, 28(5): 737-745.

Li Y, 2012. Nitrification in rhizosphere of rice in paddy soils different in fertility in red soil regions of subtropical China[J]. Acta Pedologica Sinica, 49(05): 962-970.

Maestre F T, Eldridge D J, Soliveres S, et al, 2016. Structure and functioning of dryland ecosystems in a changing world[J]. Annual Review of Ecology Evolution and Systematics, 47(1): 215-237

Manzoni S, Schaeffer S M, Katul G, et al, 2014. A theoretical analysis of microbial eco-physiological and diffusion limitations to carbon cycling in drying soils[J]. Soil Biology and

Biochemistry, 73: 69-83.

Nielsen U N, Ball B A, 2015. Impacts of altered precipitation regimes on soil communities and biogeochemistry in arid and semi-arid ecosystems[J]. Global Change Biology, 21(4): 1407-1421.

Ouyang Y, Li X, 2013. Recent research progress on soil microbial responses to drying-rewetting cycles[J]. Acta Ecologica Sinica, 33(1): 1-6.

Solomon S, Qin D, Manning M, et al, 2007. Climate change 2007: Synthesis Report. Contribution of Working Group I, II and III to the Fourth Assessment Report of the Intergovernmental Panel on Climate Change. Summary for Policymakers[R]. Bali Island: UN.

Xu G, Sun J N, Xu R F, et al, 2011. Effects of air-drying and freezing on phosphorus fractionsin soils with different organic matter contents[J]. Plant, Soil and Environment, 57(5): 228-234.

周礼恺, 1987. 土壤酶学 [M]. 北京: 科学出版社.

姚影, 何静, 张一, 等, 2015. 赤子爱胜蚓对秸秆施入后土壤有机碳和微生物的影响 [J]. 农业环境科学学报, 034(001): 110-117.

第五章

Wu W X, Ye Q F, Hang M, 2004. Effect of straws from bt-transgenic rice on selected biological activities in water-flooded soil[J]. European Journal of Soil Biology, 40(1): 15-22.

程吟文, 谷成刚, 刘总堂, 等, 2017. PBDEs 好氧微生物降解动力学过程及热力学机制研究 [J]. 土壤, 49(01): 104-110.

焦坤, 李忠佩, 2005. 土壤溶解有机质的含量动态及转化特征的研究进展 [J]. 土壤, (06): 593-601.

第六章

Polyakov V O, Nichols M H, Mcclaran M P, et al, 2014. Effect of check dams on runoff, sediment yield, and retention on small semiarid watersheds[J]. Journal of Soil and Water Conservation, 69(5): 414-421.

Wang Y, Fu B, Chen L, et al, 2011. Check dam in the loess plateau of China: engineering for environmental services and food security[J]. Environmental Science & Technology, 45(24): 10298-10299.

Yu L, Fu B, Y LV, et al, 2012. Hydrological responses and soil erosion potential of abandoned cropland in the loess plateau, China[J]. Geomorphology, 138(1): 404-414.

Zhao P, Shao M, Zhuang J, 2009. Fractal features of particle size redistributions of deposited soils on the dam farmlands[J]. Soilence, 174(7): 403–407.

李相儒，金钊，张信宝，等，2015. 黄土高原近 60 年生态治理分析及未来发展建议 [J]. 地球环境学报，6(04): 248–254.

刘雅丽，王白春，2020. 黄土高原地区淤地坝建设战略思考 [J]. 中国水土保持，462(09): 53–57.

第八章

Benmansour M, Mabit L, Nouira A, et al, 2013. Assessment of soil erosion and deposition rates in a Moroccan agricultural field using fallout 137Cs and 210Pbex[J]. Journal of Environmental Radioactivity, 115: 97–106.

Berhe A A, Harden J W, Torn M S, et al, 2008. Linking soil organic matter dynamics and erosion-induced terrestrial carbon sequestration at different landform positions[J]. Journal of Geophysical Research: Biogeosciences, 113(G4).

Chen F X, Fang N F, Wang Y X, et al, 2017. Biomarkers in sedimentary sequences: Indicators to track sediment sources over decadal timescales[J]. Geomorphology, 278: 1–11.

Fox J F, Papanicolaou A N, 2007. The Use of Carbon and Nitrogen Isotopes to Study Watershed Erosion Processes1[J]. JAWRA Journal of the American Water Resources Association, 43(4): 1047–1064.

Fu B, Liu Y, LV Y, et al, 2011. Assessing the soil erosion control service of ecosystems change in the Loess Plateau of China[J]. Ecological Complexity, Elsevier, 8(4): 284–293.

Longmore M E, O'Leary B M, Rose C W, et al, 1983. Mapping soil erosion and accumulation with the fallout isotope caesium-137[J]. Soil Research, 21(4): 373–385.

McCorkle E P, Berhe A A, Hunsaker C T, et al, 2016. Tracing the source of soil organic matter eroded from temperate forest catchments using carbon and nitrogen isotopes[J]. Chemical Geology, Elsevier, 445: 172–184.

McHenry J R, 1968. Use of tracer technique in soil erosion research[J]. Transactions of the ASAE, American Society of Agricultural and Biological Engineers, 11(5): 619–0625.

Menzel R G, 1960. Transport of Strontium-90 in Runoff[J]. Science, American Association for the Advancement of Science, 131(3399): 499–500.

O'Leary M H, 1988. Carbon Isotopes in Photosynthesis[J]. BioScience, 38(5): 328–336.

OLIVE L, WALLBRINK P, 1993. Tracing the source of suspended sediment in the Murrumbidgee River, Australia[J]. Tracers in Hydrology, International Association of Hydrological Sciences,

(215): 293.

Ran L, Lu X X, Xin Z, 2014. Erosion-induced massive organic carbon burial and carbon emission in the Yellow River basin, China[J]. Biogeosciences, Copernicus GmbH, 11(4): 945–959.

Ritchie J C, McCarty G W, 2003. 137Cesium and soil carbon in a small agricultural watershed[J]. Soil and Tillage Research, Elsevier, 69(1–2): 45–51.

Ritchie J C, McHenry J R, 1990. Application of Radioactive Fallout Cesium-137 for Measuring Soil Erosion and Sediment Accumulation Rates and Patterns: A Review[J]. Journal of Environmental Quality, 19(2): 215–233.

Ritchie J C, McHenry J R, 1973. Determination of fallout 137Cs and naturally occuring gamma-ray emitters in sediments[J]. The International Journal of Applied Radiation and Isotopes, Elsevier, 24(10): 575–578.

Tareq S M, Tanoue E, Tsuji H, et al, 2005. Hydrocarbon and elemental carbon signatures in a tropical wetland: biogeochemical evidence of forest fire and vegetation changes[J]. Chemosphere, Elsevier, 59(11): 1655–1665.

Walling D E, Collins A L, Sichingabula H M, 2003. Using unsupported lead-210 measurements to investigate soil erosion and sediment delivery in a small Zambian catchment[J]. Geomorphology, Elsevier, 52(3–4): 193–213.

Wang Y, Fang N, Tong L, et al, 2017. Source identification and budget evaluation of eroded organic carbon in an intensive agricultural catchment[J]. Agriculture, Ecosystems & Environment, Elsevier, 247: 290–297.

Wang Y F, Fu B J, Li C D, et al, 2009. Effects of land use change on soil erosion intensity in small watershed of Loess Hilly Region: a quantitative evaluation with 137-Cesium tracer[J]. The journal of applied ecology, 20(7): 1571–1576.

Xie Y, Liu B Y, Zhang W B, 2000. Study on standard of erosive rainfall[J]. Journal of soil and water conservation, 14(4): 6–11.

Yu F, Zong Y, Lloyd J M, et al, 2010. Bulk organic δ 13C and C/N as indicators for sediment sources in the Pearl River delta and estuary, southern China[J]. Estuarine, Coastal and Shelf Science, Elsevier, 87(4): 618–630.

Zhang X, Wen Z, Feng M, et al, 2007. Application of 137Cs fingerprinting technique to interpreting sediment production records from reservoir deposits in a small catchment of the Hilly Loess Plateau, China[J]. Science in China Series D: Earth Sciences, 50(2): 254–260.

Zhang Y, Li P, Liu X, et al, 2019. Effects of farmland conversion on the stoichiometry of carbon, nitrogen, and phosphorus in soil aggregates on the Loess Plateau of China[J]. Geoderma, Elsevier, 351: 188–196.

Zhao B, Li Z, Li P, et al, 2017. Spatial distribution of soil organic carbon and its influencing factors under the condition of ecological construction in a hilly-gully watershed of the Loess Plateau, China[J]. Geoderma, Elsevier, 296: 10–17.